梁海波　陆灯云
曹　阳　杨　海　编著

油气钻井工程随钻测量技术

中国石化出版社
·北京·

图书在版编目(CIP)数据

油气钻井工程随钻测量技术 / 梁海波等编著. —北京：中国石化出版社，2024.5
ISBN 978-7-5114-7440-7

Ⅰ. ①油… Ⅱ. ①梁… Ⅲ. ①油气钻井-随钻测量-测量技术 Ⅳ. ①TE27

中国国家版本馆 CIP 数据核字(2024)第 076717 号

中国石化出版社出版发行
地址:北京市东城区安定门外大街 58 号
邮编:100011 电话:(010)57512500
发行部电话:(010)57512575
http://www.sinopec-press.com
E-mail:press@sinopec.com
宝蕾元仁浩(天津)印刷有限公司印刷
全国各地新华书店经销
*
710 毫米×1000 毫米 16 开本 11 印张 258 千字
2024 年 7 月第 1 版 2024 年 7 月第 1 次印刷
定价:49.00 元

前　言

油气钻井工程随钻测量技术在陆上和海洋油气井中已广泛应用，特别是应用于地质导向和旋转导向作业，支撑了“安全、高效、高产”钻井。国内油气钻井工程随钻测量技术研究起步相对较晚，历经近40年的发展，已取得了长足进步，但与国际先进水平相比，尚存在较大差距。同时，我国“深低海非”等领域高效勘探开发给油气钻井提出的系列技术挑战、油气钻井向数字化智能化发展的必然趋势，以及国家绿色低碳能源发展战略新需求等，必将推动我国油气井随钻测量技术的不断创新和发展。本书致力于研究和阐述油气钻井工程随钻测量技术及其工程应用，探讨了各种井下随钻测量技术，以及对应的理论方法及仪器装备，以期为相关领域的专业人员、研究者和高校师生提供技术参考。

全书共分6章：第1章为绪论，介绍了钻井工程随钻测量技术的基本概念、特点及应用领域，随钻测量技术的国内外发展以及随钻测量技术的分类；第2章为井下随钻测量技术整体概括，主要介绍了井下随钻工程测量概述、井眼轨迹井下随钻测量技术理论基础、井下近钻头随钻测量仪器、井下近钻头钻具姿态动态测量技术以及井下数据传输技术；第3章为井下工程参数随钻测量技术，主要介绍了井下工程参数随钻测量技术概述，包括钻压扭矩、弯矩、钻具三轴振动、井下内外环空温度、压力的随钻测量技术；第4章为井下随钻测斜仪误差校准和补偿，主要从测斜仪方面介绍了测量原理及误差影响因素分析、误差校准理论模型、井下动态方位角的误差校准以及随钻测斜仪标定系统设计；第5章为随钻方位伽马成像技术，主要介绍了成像解释与地质导向的关系、随钻方位伽马成像图像模型研究与建立、方位伽马数据采集模型的构建与图像仿真；第6章为多源信息融合地质导向识别技术，主要介绍了数据采集与分析处理、多源信息融合技术以及智能判别模型研究与建立。

本书是在四川省自然科学基金创新研究群体等相关课题研究工作的基础上写成的，在此向资助本书内容的机构表示感谢。在本书的撰写过程中，得到了杨海、刘可薇、张毅、李忠兵、仇芝等老师的帮助和支持，在此向他们表示感谢。本书参考或直接引用了国内外一些论文和著作，在此向这些论文和著作的作者表示谢意。

本书涉及多学科交叉领域，由于作者水平有限，对于有些领域的研究不够深入，因此，书中不妥之处在所难免，诚恳地希望各位专家和读者不吝指教和帮助。

目　　录

1　绪论 …………………………………………………………………………… (001)

1.1　概述 …………………………………………………………………… (001)

1.2　随钻测量技术的发展 ………………………………………………… (002)

1.3　随钻测量技术的分类 ………………………………………………… (003)

参考文献 ………………………………………………………………………… (004)

2　井下随钻测量技术 ……………………………………………………… (005)

2.1　井下随钻工程测量概述 ……………………………………………… (005)

2.1.1　井下随钻测量技术组成 ………………………………………… (005)

2.1.2　井下随钻测量技术特点及发展趋势 …………………………… (006)

2.2　井眼轨迹井下随钻测量技术理论基础 ……………………………… (007)

2.2.1　井下随钻测斜仪 ………………………………………………… (007)

2.2.2　陀螺仪随钻测量原理 …………………………………………… (009)

2.2.3　加速度计随钻测量原理 ………………………………………… (010)

2.2.4　磁通门随钻测量原理 …………………………………………… (010)

2.2.5　陀螺仪+加速度计组合钻具姿态解算方法 …………………… (011)

2.2.6　磁通门+加速度计组合钻具姿态解算方法 …………………… (013)

2.3　井下近钻头随钻测量仪器 …………………………………………… (016)

2.3.1　井下近钻头随钻测量仪器组成 ………………………………… (016)

2.3.2　近钻头测量单元 ………………………………………………… (016)

2.3.3　近钻头跨螺杆数据传输系统 …………………………………… (017)

2.3.4　配套辅助单元 …………………………………………………… (018)

2.4　井下近钻头钻具姿态动态测量技术 ………………………………… (019)

2.4.1　井下近钻头随钻测量特性分析 ………………………………… (019)

2.4.2　近钻头钻具姿态动态解算方法 ………………………………… (021)

2.4.3　厚尾量测噪声的鲁棒高斯近似滤波算法 ……………………… (025)

2.4.4 振动复杂干扰噪声抑制方法 …………………………… (039)
2.5 井下数据传输技术 …………………………… (042)
2.5.1 井下数据传输技术分类 …………………………… (042)
2.5.2 井下泥浆脉冲传输技术 …………………………… (042)
2.5.3 井下连续波传输技术 …………………………… (042)
2.5.4 井下电磁波传输技术 …………………………… (043)
2.5.5 智能钻杆传输技术 …………………………… (043)
参考文献 …………………………… (044)
3 井下工程参数随钻测量技术 …………………………… (045)
3.1 井下工程参数随钻测量技术概述 …………………………… (045)
3.2 钻压、扭矩随钻测量技术 …………………………… (047)
3.2.1 钻压随钻测量及解算方法 …………………………… (047)
3.2.2 扭矩随钻测量及解算方法 …………………………… (048)
3.2.3 钻压扭矩随钻测量贴片方法 …………………………… (048)
3.3 弯矩随钻测量技术 …………………………… (050)
3.3.1 钻铤弯矩表征特性分析 …………………………… (050)
3.3.2 弯矩随钻测量及解算方法 …………………………… (050)
3.3.3 弯矩测量应变片贴片方法 …………………………… (052)
3.4 钻具三轴振动随钻测量技术 …………………………… (053)
3.4.1 钻具三轴振动解算方法 …………………………… (053)
3.4.2 钻具三轴振动测量单元 …………………………… (053)
3.5 井下内外环空温度、压力测量技术 …………………………… (053)
3.5.1 井下内外环空温度压力随钻测量单元概述 …………………………… (053)
3.5.2 井下内外环空温度随钻测量影响因素 …………………………… (055)
3.5.3 井下内外环空压力随钻测量影响因素 …………………………… (055)
参考文献 …………………………… (056)
4 井下随钻测斜仪误差校准和补偿 …………………………… (057)
4.1 测斜仪的测量原理及误差影响因素分析 …………………………… (057)
4.1.1 安装误差 …………………………… (057)
4.1.2 温度漂移误差 …………………………… (058)
4.1.3 处理误差 …………………………… (059)
4.1.4 传感器测量误差 …………………………… (059)

4.2 误差校准理论模型研究 …………………………………………………… (059)
4.2.1 基于 RBF 网络的误差校准模型及仿真 …………………………………… (059)
4.2.2 基于加速度误差最小的倾角误差补偿 …………………………………… (063)
4.2.3 基于倾角和方位角误差最小的补偿方法 ………………………………… (067)
4.2.4 基于三位置法的误差校准模型 ………………………………………… (074)
4.3 井下动态方位角的误差校准 …………………………………………… (078)
4.3.1 井下动态方位角的误差标定 …………………………………………… (078)
4.3.2 井下动态井斜角和工具面角的误差校准 ………………………………… (082)
4.4 随钻测斜仪标定系统研究和设计 ………………………………………… (087)
4.4.1 磁场环境监测及校准装置设计 ………………………………………… (087)
4.4.2 随钻测斜仪标定系统设计 ……………………………………………… (092)
参考文献 ……………………………………………………………………… (103)

5 随钻方位伽马成像技术 ………………………………………………… (105)

5.1 成像解释与地质导向的关系 …………………………………………… (105)
5.1.1 利用伽马成像快速分析轨迹与地层位置关系 …………………………… (105)
5.1.2 拾取伽马成像计算地层倾角 …………………………………………… (106)
5.2 随钻方位伽马成像图像模型研究与建立 ………………………………… (107)
5.2.1 方位伽马成像图像色彩模型优选 ……………………………………… (107)
5.2.2 方位伽马成像色谱设计 ………………………………………………… (110)
5.2.3 方位伽马图像的色度标定 ……………………………………………… (111)
5.3 方位伽马数据采样模型的构建与图像仿真 ……………………………… (113)
5.3.1 随钻方位伽马数据处理 ………………………………………………… (113)
5.3.2 数据采样插值方法 ……………………………………………………… (116)
5.3.3 方位伽马数据的数据插值方法仿真分析 ………………………………… (120)
5.3.4 随钻方位伽马图像生成与显示 ………………………………………… (125)
5.3.5 随钻方位伽马图像质量优化 …………………………………………… (126)
参考文献 ……………………………………………………………………… (129)

6 多源信息融合地质导向识别技术 ………………………………………… (131)

6.1 数据采集与分析处理 …………………………………………………… (131)
6.1.1 数据的收集与处理 ……………………………………………………… (131)
6.1.2 数据预处理 ……………………………………………………………… (131)
6.1.3 伽马能谱数据处理 ……………………………………………………… (132)

6.1.4　元素数据处理 …………………………………………………………… (134)
6.2　多源信息融合技术 ……………………………………………………………… (136)
6.2.1　多源信息融合技术概述 …………………………………………………… (136)
6.2.2　多源信息融合的融合结构 ………………………………………………… (137)
6.2.3　特征值提取法 …………………………………………………………… (139)
6.3　智能判别模型研究与建立 ……………………………………………………… (146)
6.3.1　支持向量机基本理论 …………………………………………………… (146)
6.3.2　粒子群算法的基本理论 ………………………………………………… (148)
6.3.3　灰狼算法的基本理论 …………………………………………………… (150)
6.3.4　莱维飞行基本理论 ……………………………………………………… (152)
6.3.5　页岩气地质导向模型及对比分析 ……………………………………… (156)
参考文献 ……………………………………………………………………… (166)

1 绪论

1.1 概述

钻井工程随钻测量技术是指在钻进过程中通过地面测量仪器测量钻井工程的钻速、扭矩，钻井液的立管压力、泵冲等参数，通过井下测量仪器测量所需的井眼轨迹数据等，然后利用各种不同的方式将数据传输至地面系统，地面系统接收后进行解码得到地面、井下所测数据，从而快速有效地掌握钻井实施过程。随钻测量技术是定向钻进中一种先进的技术手段。

在传统的钻井工程中，测井是重要的地下勘察环节，需要借助人力或地震数据分析的方式完成油气资源量的分析。传统的电缆测井是在钻井完工后进行，但是钻完井后再测井，地层各种参数与刚钻开地层时有所差别[1]。当能源需求推动石油开发向着致密油层迈进时，各类新型的钻井技术也随之发展起来。为了满足不断增长的油气资源开采需求，油田低成本开采使得水平钻井和定向钻井已经成为油气开采的主要技术之一[2]。一口定向井需要在测量仪器的指导下，在地下蜿蜒钻进几千米到达油层靶点。在定向井、水平井和大位移井的施工过程中，都需要随钻测量仪器对井眼轨迹进行控制，利用电缆将仪器放入油井中进行测量更是难以实现。在欠平衡钻井施工过程中，因为井底压力小于地层压力，所以存在很大井控风险，需要实时监测井底压力。海上平台钻井由于施工条件的限制，一般在海上平台部署丛式水平井或丛式定向井。

有别于电缆测井仪器或者其他仪器以“停止钻井”为代价，然后下入测量仪器获得数据的方法，随钻技术可以在钻头钻进的同时实时地获得井下数据。随钻技术不仅能够克服停钻测量作业的耗时耗钱的不足，也可以避免在盲钻时偏离靶点、井眼碰撞等风险，以及停钻时钻杆静止不动导致的井壁垮塌卡钻等问题。1980 年，斯伦贝谢推出第一支随钻测量工具 M1，也该工具仅能提供井斜、方位和工具面测量，不能满足复杂地质条件下的钻井需求。定向钻井技术的研发促进了随钻测量工具的快速发展。现在随钻测量工具与钻井工具组合形成类似于常规电缆测井，并能够将实时数据传输至地面的随钻测井 LWD（Logging While Drilling）技术[3]。随钻测井一般是将测井仪器置于钻头之后，即可在钻井过程中同时测量地层岩石物理参数，并利用数据遥测技术将测量结果实时传输至地面进行处理，这样不仅解决了大斜度井、水平井的测井问题，并且可利用实时测得的钻井参数和地层参数及时调整和控制钻进过程。早期的随钻测井质量、分辨率及深度精度均赶不上传统的电缆测井，而且随钻测井数据遥测技术的带宽限制了测井数据的实时传输。但是经过几十年的发展及科技的进步，现代随钻测井技术更加成熟，仪器更为精密，遥测技术带宽也已大幅度增加，同时井底数据处理也减小了传输数据量。随着技术的进步，随钻测井不仅能够监控定向钻进，而且能够进行综合测井，获取信息的种类有：

1）定向数据（井斜角、方位角、工具面角）；

2）地层特征（伽马射线、电阻率测井统计）；

3）钻井参数（井底钻压、扭矩、每分钟转速）。

随钻远探-前视技术被定义为油气行业“极具发展潜力的 20 项新技术”之一。随钻远探技术是利用测井仪器探测距井眼较远范围的流体边界、地层边界以及其他地层信息，其探测方向垂直于井眼方向，主要用于油藏描述与地层评价。随钻前视技术是利用测井仪器探测钻头前方未钻开地层的地层界面，其探测方向与井眼/钻进方向相同，主要用于地质导向。2015 年以来，国外随钻远探-前视技术获得巨大发展，斯伦贝谢、哈里伯顿等公司先后推出 Geosphere、Earthstar、IriSphere 等随钻技术，远探距离可达到 60m，前探距离 30m[4]。

1.2 随钻测量技术的发展

早在 20 世纪 30 年代，世界上一些钻井技术发达国家就已经提出随钻测量的想法，但由于传输技术的相对滞后，在后续的几十年内，随钻测量技术发展相对滞后。50 年代后期，正脉冲泥浆传输系统的研制成功并得到应用，直到 70 年代，随钻技术由于人们的再认识才得到了充分关注和发展[5]。80 年代末，水平井钻井等一批先进的钻井技术和工艺得到跨越式发展，使随钻测量技术得以兴起。我国从 90 年代开始，水平井技术不断成熟与发展，也推动了随钻测量技术的迅速发展。

1.3 随钻测量技术的分类

目前，随钻测量技术的分类方法有以下几种：

按照测量参数和功能不同，随钻测量技术可以分为随钻测井技术 LWD、随钻测量技术 MWD(Measure While Drilling)等，其中 MWD 主要是测量轨迹控制所需要的参数，如井斜角、方位角、工具面角等；而 LWD 除要提供上述参数外，还要测量所钻地层的地质参数，如自然伽马、电阻率、中子密度等[6]。

按照数据传输方式不同，随钻测量技术可以分为有线随钻测量、无线随钻测量和其他方式。有线随钻测量，即带井下电缆的测量方式，是用电缆连接井下探管仪器并依靠电缆而取得测量信号，信号到达地面后通过地面机进行转换并进行编码，最后通过解码得出所需要的井斜、方位等数据。

有线随钻测量仪靠电缆传输井下数据，具有传输速率高、工作性能可靠以及测量项目齐全等优势。但是有线随钻测量施工较不方便，井斜大于 60°仪器总成与钻杆壁的摩擦力、电缆与钻杆壁的摩擦力就会加大，仪器难以下放到井底，常需要开泥浆泵冲击仪器到达井底，工序繁琐、工作量大且提升仪器困难[7]。

无线随钻测量技术也可以根据其传输介质分为泥浆脉冲方式、电磁波方式、声波方式。泥浆脉冲无线随钻是通过泥浆压力的变化传输信号，压力脉冲信号是通过脉冲器与驱动器得以完成，通过泥浆传送信号到地面，再通过地面机进行放大，编码、解码后得出需要的井斜、方位、工具面等参数。通过开关泵控制参数测量，根据压力变化源的不同，泥浆脉冲无线随钻可分为连续波、正脉冲、负脉冲。泥浆脉冲方式技术最为成熟，使用受限较小，所以其应用最为广泛，但其受到泥浆性能的影响严重，比如在泡沫欠平衡钻井中就无法使用。

电磁波无线随钻是通过井下发射电磁波信号，在地面接收电磁波信号并通过地面放大器对信号进行处理以完成测量。井下仪器将测量的数据加载到载波信号上，测量信号随载波信号由电磁波发射器向四周发射。地面检波器将检测到的电磁波中的测量信号卸载，之后通过解码、计算得到测量数据。电磁波信号传输主要依靠地层介质予以实现。电磁波无线随钻的优点是数据传输速度较快、不受钻井液性能的影响，所以适合于欠平衡钻井，适合在普通钻井液、空气钻井、泡沫钻井液和激光钻井等钻井施工中传输；缺点是地层介质对信号的影响较大，不同电阻率地层电磁波衰减不同，电磁波传输距离受限于地层电阻率，所以其应用范围并不广泛，只是在某些区块应用较多。声波传输方式目前仍处于研发阶段，最近也有报道该方式现场试验成功的案例，但是还未形成商业规模。

其他的无线随钻测量技术主要是指智能钻杆，其传输速率快，同时不受泥浆性能的限制，但是其生产成本高。

近年来，国内外石油企业和高校在不断地研发更加先进高效的随钻测量仪器，所以随钻测量技术也得以快速发展。国际上知名的随钻测量技术如斯伦贝谢 TelePacer 模块化 MWD、哈里伯顿的正脉冲无线随钻测量 FEWD（Formation Evaluation While Drilling）系统、APS 的 SureShot 电磁波遥测 MWD 系统、Nabors 子公司 Ryan 的 AccuSteer MWD 技术，都具有各自的优势和特点。代表着目前国际最先进的技术，如旋转导向技术、耐高温高压测量仪器、随钻测井技术等，但是部分进口仪器存在保养维修周期长、费用高、工具储备不足等情况。以三大油服为例，借助旋转导向、近钻头工具、LWD 等工具垄断，价格高、合同条款要求严，甚至出现过工具作业费用高于钻机费用的情况[8]。国内随钻测量技术发展较晚，“六五”“七五”期间开展了 MWD 研究，所以与国际先进技术相比还存在较大差距，但是随着近几年石油公司和高校对科研的重视，国产随钻测量仪器发展也突飞猛进，中国海油历经多年技术攻关于 2014 年成功自主研发我国首套旋转导向钻井与随钻测井系统（简称“璇玑”系统），2016 年亮相国家“十二五”科技创新成就展。但国产随钻测量仪器整体存在功能单一、故障率高、稳定性不足的问题。

参 考 文 献

[1] 李业．随钻测井技术及仪器研究进展探讨[J]．内蒙古石油化工，2012，38(24)：104-106
[2] 李旭．定向钻井技术进展研究[J]．西部探矿工程，2021，33(03)：28-29，34
[3] 许玛丽．国内外随钻测量技术现状与展望[J]．化工管理，2019(17)：109-110
[4] 侯亮，杨虹，赵颇如，于献策，崔云飞．随钻远探-前视技术发展现状[J]．世界石油工业，2020(2)：35-41
[5] 曹勇．随钻测量技术的研究与认识[J]．科技传播，2011，3(4)：61-61
[6] 徐强．随钻测量技术的研究与认识[J]．石油石化物资采购，2019，0(23)：49-49
[7] 吴伟．随钻测量方式浅析[J]．中国化工贸易，2013，5(A02)：209-209
[8] 田逢军，郝宁，陈琪，王万庆，丁黎．长庆区域钻井随钻测量工具现状及需求[J]．化工管理，2021(02)：193-194.

2 井下随钻测量技术

2.1 井下随钻工程测量概述

2.1.1 井下随钻测量技术组成

井下随钻技术简称为随钻技术。随钻测量工具是由国外引进，该技术最早出现于 1980 年，Schlumberger 公司推出第一支随钻测量 MWD 工具 M1，但该工具仅能提供井斜、方位和工具面测量，不能满足复杂地质条件下的钻井需求，应用整体较为受限[1]。

定向钻井技术的研发促进了 MWD 工具的快速发展，使其在数据传输速率、稳定性、耐磨性、工作频率可变、抗振性、体积更小等方面的表现日渐优异。随钻测量技术在 MWD(Measure While Drilling)基础上，继续功能性的扩展成为 LWD(Logging While Drilling)，目前，采用“MWD+伽马+电阻率+脉冲中子+声波”的方式，以单元模块式入井，设置统一的时间，存储测量数据并在起钻后进行读取、分析及成像处理。

井下随钻测量短系统包括供电、测量、信号发生和数据传输四个部分。井下系统一般由电池或涡轮供电。电池供电有持续供电优势，但作业时间一般较短；涡轮供电则需要在开泵工作的条件下实现供电，但其适应各种排量和耗电量较大的工作环境。测量部分(MWD)可提供钻井轨迹的井斜、方位、工具面等参数。MWD 工具与某些特殊功能的测量短节组合可测量伽马、电阻率、钻压、扭矩、环空压力、环空密度、环空温度等参数。井下信号发生主要依靠转子和定子之间通道的开关产生压力脉冲实现数据传输。数据传输分为有线传输和无线传输，有线传输代表的有光纤、钻井液、特种钻杆，无线传输有电磁波、声波[2]。

井下仪器包括磁通门传感器、温度传感器、加速度传感器、脉冲多路调制器、电墩驱动器等有关的电子线路。井下仪器中的三个相互垂直安装的重力加速度计把井下仪器当时的物理姿态相对于重力的变化，从三个互相垂直的方向转换成电信号：井下仪器的三个磁通门传感器，也同时把井下仪器的这一物理姿态相对于地磁场的变化，从三个相互垂直的方向转换成电信号；温度传感器把当时井下仪器工作的环境温度转换成电信号。这些电信号经其相应的电子线路放大整理后，由脉冲多路调制器收集起来并将这些电压信号按比例地转换成时间脉冲，按一定时序将其送至电缆驱动器，再经单芯铠装电缆送到地面仪器电子计算机。

2.1.2 井下随钻测量技术特点及发展趋势

随钻测量技术与随钻测井技术在行业中的期望指数始终较高，为了适应不断变化的行业发展趋势，必须要明确未来随钻测量技术的前景。由钻头、实时传输速率、稳定性是随钻测量技术普遍关注的三个要点，今后随钻测量技术的创新与改善也有明确的方向[3]。

1）实时数据传输效率将不断提升。一般随钻测量技术的传输速率约为 3bit/s，自然伽马、中子、密度一类的常规测井数据均可以实现实时传输。如果传输速率在 6bit/s 及以上，便可以实现成像、边界探测这一类大数据流量数据的传输。根据技术实践经验发现数据传输速率影响因素以机械钻速、随钻测量的传输速率为主，定向钻井作业中的高随钻传输速率更是非常重要，可以消除机械钻速对测量效率的限制。

2）随钻测量技术稳定性显著增加。电子元器件本身必须具有耐高温、耐高压的性质，而且可以抵抗磁干扰，这在今后随钻测量技术的改进中都是非常必要的切入点。

3）钻头测量技术存在深度突破点，未来技术将实现调整井眼轨迹的实时追踪，在随钻识别油气、导向等方面做出调整与创新，促使油层钻遇率得以提高。

4）随钻测量技术的测量将更加全面，测量结果精确性、可视化程度也将不断变化，尤其是在探边与成像技术这一方面。我国很多化工项目应用随钻传感器，该设备专利技术很多是由国外购入，今后将更加关注本土技术的研究，节省技术成本，达到全方位自主研发的目的，随钻测量技术可以适应更加复杂的工作环境。

5）随钻测量技术已经十分先进，但依然需要不断完善与升级，建议参考国外的成功经验。其他国家研究随钻测量技术获得了成功的应用成果，尤其是对随钻测量技术的升级与拓展。例如无线随钻测量技术，要想不断提升井下探测实力，应用无线随钻测量技术便需不断总结经验，参考国外研发、应用无线随钻测量技术的成功经验，大力研发 MWD 无线随钻斜测仪等仪器设备，提高我国随钻测量技术水平，逐步与世界先进技术接轨。

6）今后关于随钻测量技术的应用与改进，还需要关注技术的自主研发。随钻测量仪器具有多种功能，而且这种综合性仪器设备，在钻井与自控等方面也表现出明显的优势，具有高科技特征。尽管随钻测量仪器研发环节依然存在大量的风险，而且需要较多的资金，但是实际上我国已经可以进行该技术和相关设备的自主研发，基本上满足随钻测量操作的要求。为此，今后随钻测量技术和仪器应该进一步加大自主研发力度，开发更加多元化的功能。

7）关于随钻测量技术与仪器的自主研发，应该更加关注合作研究。基于现有行业自主研发环境，需要在现有随钻测量技术基础上提出创新建议。其一，除了随钻测量领域的人才外，还需与其他行业领域的技术型人才相结合，吸收国外关于随钻测量技术的先进经验，发挥合作的力量以进一步提高随钻测量技术先进性。其二，自主研发过程中，应该发挥相关政策的辅助作用，开发随钻测量技术在信息化、自动化、数字化行业环境下的新着手点，综合随钻测量技术资源，研发更加多元化的机械仪器型号，改进近钻头式测量仪器结构与功能，为井下测量工作提供便利条件，并且进一步提高随钻测量技术精准度与应用稳定性，发挥出对于石油工程测量的优势与价值。通过自主研发合作理念的创新，推进随钻测量技术的快速发展。

2.2 井眼轨迹井下随钻测量技术理论基础

2.2.1 井下随钻测斜仪

井下随钻测斜仪是在钻井工程中用于测量井筒的倾斜度和方向的关键工具，以确保精确的井斜控制和导向钻井。井下随钻测斜仪包括多种类型，其中主要包括陀螺仪测斜仪、加速度计测斜仪、磁力计测斜仪以及组合测斜仪，组合测斜仪将不同的传感器类型（如陀螺仪、加速度计和磁力计）组合在一起，以提供更全面和准确的测斜数据。

这些测斜仪器通常分为井下设备和地面设备两部分。井下设备包括各类传感器、测量设备以及脉冲信号发射设备，用于测量和获取原始数据。地面设备则包括中控设备、数据处理设备和信号接收设备，用于分析和解读井下传输的测斜数据。工作原理如下：由井下传感器设备获取井筒的原始信号，将这些信号通过控制机构传递给脉冲发生装置，脉冲发生装置对原始信号进行初步转换并将其以脉冲信号的形式传递至地面的传感器设备。地面传感器设备通过解码程序解读这些脉冲信号，并将其转化为井斜数据[4]。整个过程通常在短时间内完成，约 3 ~5 分钟。

在钻井工程中当需要测量井筒的井斜数据时，施工人员首先会停止钻井并控制刹车，暂停钻井泵的操作。然后启动随钻测斜仪器进行井斜测量，地下设备传输脉冲信号至地面的电子记录仪，记录仪通过分析软件读取并解析这些数据。最后，一旦数据得到记录和分析，便可以重新启动钻井泵，继续钻井作业。

这些井下随钻测斜仪的工作原理和操作流程是为了确保钻井过程中井筒的安全导向和控制，从而提高钻井效率和资源开采的成功率。20 世纪 90 年代初期，为满足定向井、水平井钻井工艺需要，我国开始引进有线随钻测量仪器和无线随钻测量仪器，并在对关键技术进行消化吸收的基础上开展有线随钻和无线随钻测斜技术的研究工作，开发研制有线随钻测量仪器和无线随钻测量仪器。

无线随钻测斜仪 MWD，是在有线随钻测斜仪的基础上发展起来的一种新型的随钻测量仪器，与有线随钻测斜仪的主要区别在于井下测量数据以无线方式传输。MWD 无线随钻测斜仪按传输通道分为钻井液脉冲、电磁波、声波和光纤四种方式[5]。其中，钻井液脉冲和电磁波方式已经应用到生产实践中，以钻井液脉冲式使用最为广泛。

（1）正脉冲方式：钻井液正脉冲发生器的阀头与限流孔的相对位置能够改变钻井液流道在此的截面积，而引起钻柱内部钻井液压力的变化，阀头的运动是由探管编码的测量数据通过驱动控制电路得以实现。由于用电力直接驱动阀杆需要消耗很大的功率，通常利用钻井液的动力，采用小阀推动大阀的结构。在地面上，通过连续地检测立管压力的变化，并通过译码转换成不同的测量数据。钻井液正脉冲工作原理示意图如图 2-1 所示。

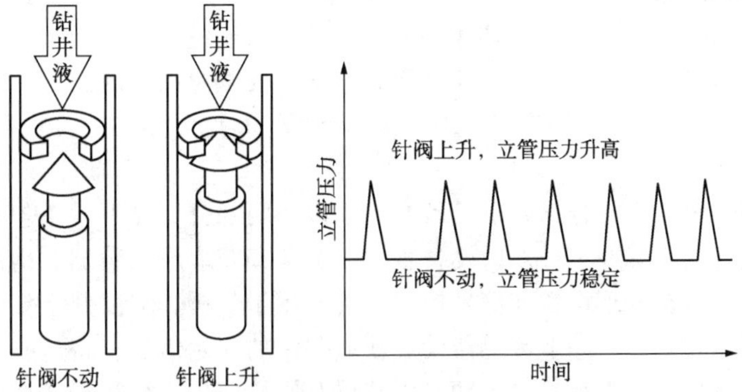

图 2-1　钻井液正脉冲工作原理示意图

（2）负脉冲方式：钻井液负脉冲发生器设置有泄流阀，泄流阀可使钻柱内的钻井液通过专用无磁短节上的泄流孔有规律地放喷到井眼环空，从而引起钻柱内部钻井液压力降低。泄流阀的动作由探管编码的测量数据通过驱动控制电路来实现。在地面上，通过连续地检测立管压力的变化，并通过译码转换成不同的测量数据。钻井液负脉冲工作原理示意图如图 2-2 所示。

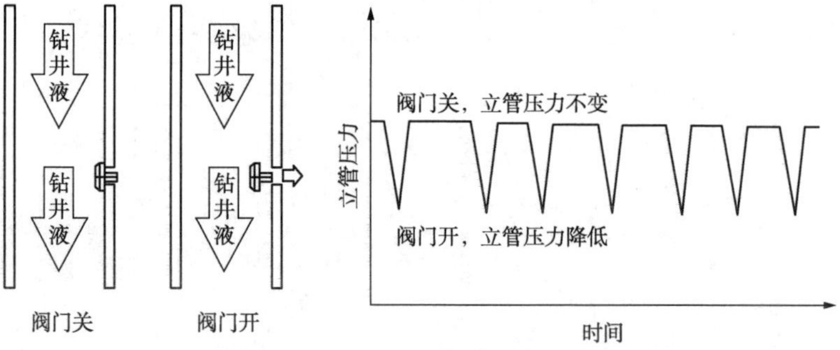

图 2-2　钻井液负脉冲工作原理示意图

（3）电磁波传输方式：电磁波信号传输主要是依靠地层介质得以实现。井下仪器将测量的数据加载到所设信号上，测量信号随载波信号由电磁波发射器向四周发射，如图 2-3 所示。地面检波器在地面上将检测到的电磁波中的测量信号接收并解码、计算，得到实际的测量数据。

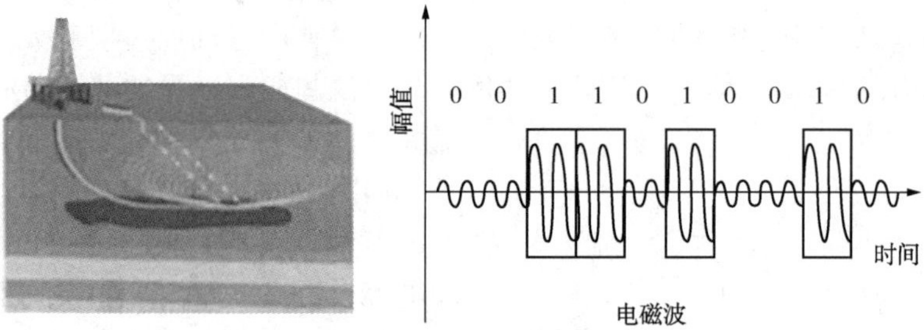

图 2-3　电磁波信号传输示意图

在这些技术的推动下，测斜仪器的不断创新和应用，确保了钻井过程的高效和资源开采的成功。

2.2.2　陀螺仪随钻测量原理

陀螺仪是一个角运动检测装置，被广泛运用在空间导航、姿态检测等方面，是惯性导航系统的核心器件。其工作原理是利用科里奥利力，即旋转物体在有径向运动时所受到的切向力，引起谐振器的偏移，再由传感器检测到角速率信号。

如图 2-4 所示，静电驱动力施加于驱动框架使质量块沿驱动轴向 x 做来回震荡运动，当 z 轴向有角速度 Ω 输入时，根据科里奥利力定理，质量块将产生 y 轴向的科里奥利力，进而引起质量块沿 y 轴向的运动，使检测轴向的电容值发生变化，将电容值变化量进行换算即可得到输入角速度[6]。

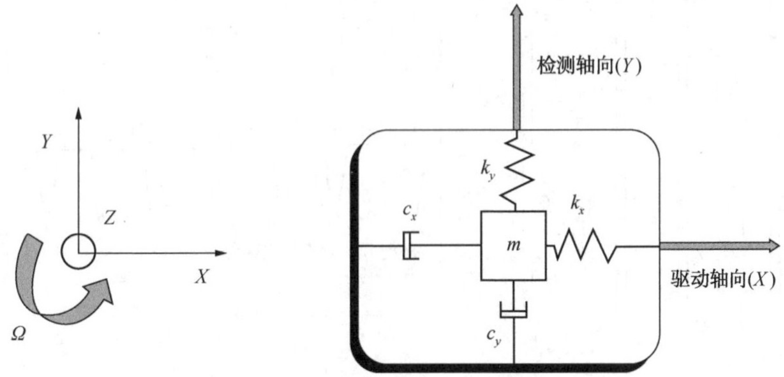

图 2-4 陀螺仪随钻测量原理图

2.2.3 加速度计随钻测量原理

加速度计是一种测量物体在运动过程中的加速度的传感器，可将检测到的加速度转换成电信号进行输出。按传感元件分类有压电式、压阻式、电容式、伺服式等类型，按输入轴数目又可分为单轴、双轴和三轴加速度计。到目前为止，电容式加速度传感器因其较小的体积与较低的成本，是加速度传感器的主流方式。

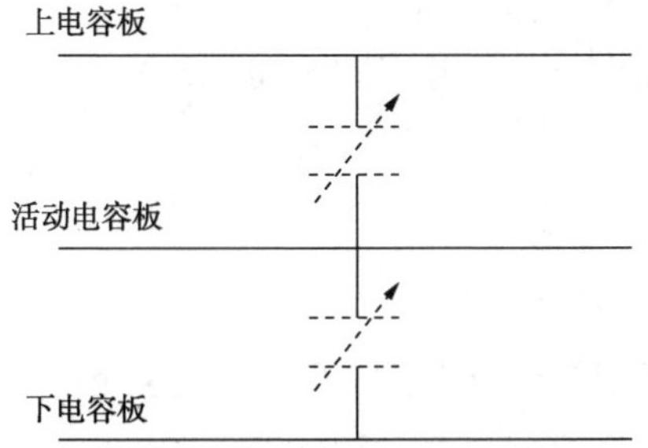

图 2-5 电容式加速度传感计的工作原理

如图 2-5 所示，电容式加速度传感计的工作原理是，通过固定电容板与活动电容板的位移关系来检测加速度大小。由于在加速度变化的情况下，活动电容板的微小位移会引起电容的变化，而电容的变化会跟加速度的大小成正比。利用电容电压转换芯片将检测到的电容信号转化成电压信号，再通过对应的放大电路与数字信号处理，就可以输出与加速度大小相对应的电信号。

2.2.4 磁通门随钻测量原理

磁通门传感器是测量地磁场强度、地磁倾角、井眼方位和磁性工具面的重要元件。磁通门原理服务于法拉第电磁感应定律，磁通门探头是一种稍加改造的变压器式器件，但其变压器效应只是作为被测磁场进行调制的手段。

三分量磁通门地磁场探测装置主要利用法拉第电磁感应原理探测地磁场。传感器把地磁信号转换成电信号，探测装置通过探测这个电信号来判断地磁信号的大小，进而判断探测地点的情况[7]。这种判断的实现主要依靠三分量磁通门传感器，每个传感器采用双芯结构，缠绕在两个芯上的励磁线圈反向串联如图 2-6 所示。

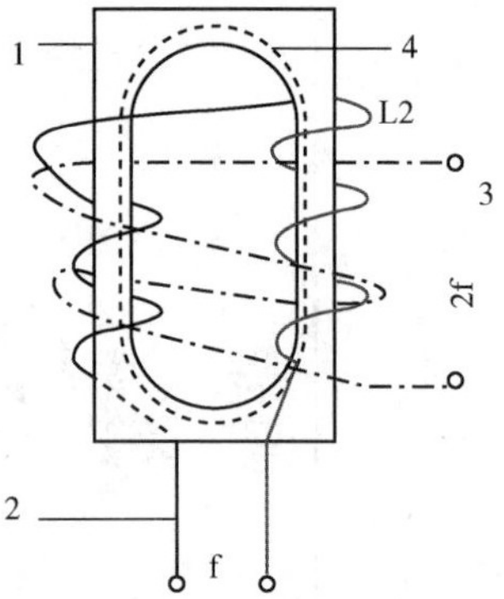

图 2-6 跑道磁芯机构示意图

1—敏感元件框架；2—初级线圈

3—输出线圈；4—坡莫合金环

当励磁电流通过励磁线圈时，两个铁芯中产生的励磁磁场方向相反。如果两个磁芯的形状大小和电磁场参数完全对称，测量线圈中两个磁芯中的磁通量产生的感应电势相互抵消，输出为零；当沿着铁芯的长轴施加外部磁场时，一个铁芯的磁场在另一个铁芯之前达到饱和，导致测量线圈中的感应电势不能相互抵消，并且输出不对称的波形。波形的主要成分是激励信号的二次谐波[8]。因为由外部磁场产生的感应电势的幅度与外部磁场的大小成比例，所以可以通过测量输出信号的二次谐波分量来测量外部磁场。

2.2.5 陀螺仪+加速度计组合钻具姿态解算方法

MEMS 随钻测斜仪的测量单元由三轴加速度计和三轴陀螺仪组成。在 MEMS 随钻测斜仪的测量过程中，选取东北天坐标系作为地理坐标系，同时其也作为参考坐标系，加速度计和陀螺仪的安装方向对应钻具坐标轴的 x、y、z 方向，其中传感器轴向方向为 y，径向方向为 x，切线方向为 z，三轴构成载体坐标系并且钻具的 xyz 轴遵循右手准测[9]，如图 2-7 所示。

如图 2-7 所示，井斜角用以表示井眼轨迹的斜度，井斜角的不同会导致重力加速度分量发生变化，因此可以由三轴加速度和旋转矩阵计算从而得到井斜角和工具面角。

从地理坐标系转换到载体坐标系要经过三次旋转，首先转动 z 轴得到第一个转动矩阵：

$$C_n^1=\begin{bmatrix}\cos\psi & -\sin\psi & 0\\ \sin\psi & \cos\psi & 0\\ 0 & 0 & 1\end{bmatrix} \tag{2-1}$$

然后转动 x 轴得到第二个转动矩阵：

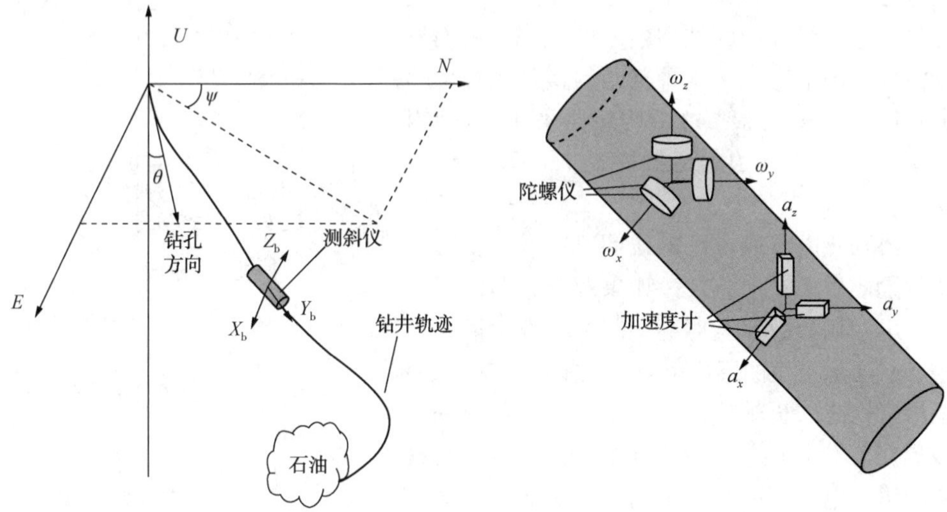

图 2-7　MEMS 传感器安装示意图

$$C_1^2=\begin{bmatrix}1 & 0 & 0\\ 0 & \cos\theta & \sin\theta\\ 0 & -\sin\theta & \cos\theta\end{bmatrix} \tag{2-2}$$

最后转动 y 轴得到第三个转动矩阵：

$$C_2^b=\begin{bmatrix}\cos\phi & 0 & -\sin\phi\\ 0 & 1 & 0\\ \sin\phi & 0 & \cos\phi\end{bmatrix} \tag{2-3}$$

式中，C_n^1 是第一次转动矩阵；C_1^2 为第二次转动矩阵；C_2^b 为第三次转动矩阵。

计算旋转矩阵：

$$C_n^b=C_2^bC_1^2C_n^1=\begin{bmatrix}\begin{pmatrix}\cos\phi\cos\psi\\ +\sin\phi\sin\theta\sin\psi\end{pmatrix} & \begin{pmatrix}-\cos\phi\sin\psi\\ +\sin\phi\sin\theta\cos\psi\end{pmatrix} & -\sin\phi\cos\theta\\ \sin\psi\cos\theta & \cos\psi\cos\theta & \sin\theta\\ \begin{pmatrix}\sin\phi\cos\psi\\ -\cos\phi\sin\theta\sin\psi\end{pmatrix} & \begin{pmatrix}\cos\psi\cos\theta\\ -\sin\phi\sin\psi-\cos\phi\sin\theta\cos\psi\end{pmatrix} & \cos\phi\cos\theta\end{bmatrix} \tag{2-4}$$

式中，C_n^b 为从地理坐标系转换到载体坐标系的旋转矩阵；ψ 为第一次转动角度；θ 为第二次转动角度；ϕ 为第三次转动角度。

根据旋转顺序及坐标轴的建立得到的三轴加速度计信号为：

$$a^b=\begin{bmatrix}a_x^b\\a_y^b\\a_z^b\end{bmatrix}=C_n^b a^n=a_n^b\begin{bmatrix}0\\0\\-g\end{bmatrix} \tag{2-5}$$

式中，a_x^b、a_y^b、a_z^b 是 x、y、z 轴的加速度计的测量值；g 为重力加速度值。

根据式(2-4)和式(2-5)解算出井斜角和工具面角：

$$\begin{aligned}\theta&=-\arcsin(a_x^b/g)\\ \gamma&=\arctan(a_y^b/a_z^b)\end{aligned} \tag{2-6}$$

2.2.6 磁通门+加速度计组合钻具姿态解算方法

姿态角的解算是获得钻具姿态信息的关键，由于钻头、测斜仪以及测斜仪内部的传感器所参考的坐标系不同，所以要想准确获得钻具姿态信息需对不同的坐标系进行相互转换。在不同坐标系的转换中，姿态矩阵是关键。当钻头在井下工作时，需要通过加速度计提供的加速度矢量进行姿态矩阵的更新。采用欧拉角法表示姿态角矩阵，采用参考坐标系为地理坐标系(EUN)。EUN 坐标系基于右手准则定义为 East-Up-North，测斜仪的仪器坐标系($ox_by_bz_b$)也基于右手准则，如图 2-8 所示。

将测斜仪的转动方向定义为坐标原点，沿坐标轴方向看，顺时针旋转为正，逆时针旋转为负。则此时测斜仪的井斜角是仪器坐标系 oz_b 轴与地理坐标系的 oz_n 轴的夹角。方位角是测斜仪 oz_b 轴和 oz_n 轴的所在平面 oz_bz_n 与地理坐标系的 ox_n 轴和 oz_n 轴的所在平面 ox_nz_n 之间的夹角。测斜仪的工具面角是以 oz_b 为轴，顺时针旋转，从测量短节轴线 oz_b 所在的地垂平面 oz_bz_n 转到仪器坐标系 oz_b 和 ox_b 所在平面 ox_bz_b 之间的夹角。θ、ψ、ϕ 表示从仪器坐标系 $ox_ny_nz_n$ 到地理坐标系 $ox_by_bz_b$ 的转动姿态角，随钻测斜仪中加速度计的坐标系具体转动方式如图 2-9 所示。

$$x_ny_nz_n \xrightarrow{\psi,\ oz_n} x_1y_1z_1 \xrightarrow{\theta,\ ox_1} x_2y_2z_2 \xrightarrow{\phi,\ oy_2} x_by_bz_b$$

通过三次一定顺序的旋转后可得到矩阵 C_1，C_2，C_3，获得从仪器坐标系变换到地理坐标系的姿态矩阵 C_n^b，即表示为：

$$C_n^b=\begin{bmatrix}\cos\theta\cos\psi-\sin\phi\sin\theta\sin\psi & \cos\phi\sin\psi+\sin\theta\sin\phi\cos\psi & -\sin\varphi\phi\theta\\ -\cos\theta\sin\psi & \cos\theta\cos\psi & \sin\theta\\ \sin\phi\cos\psi+\cos\phi\sin\theta\sin\psi & \sin\phi\sin\psi-\cos\phi\sin\theta\cos\psi & \cos\phi\cos\theta\end{bmatrix} \tag{2-7}$$

而从地理坐标系到仪器坐标系的变换可表示为：

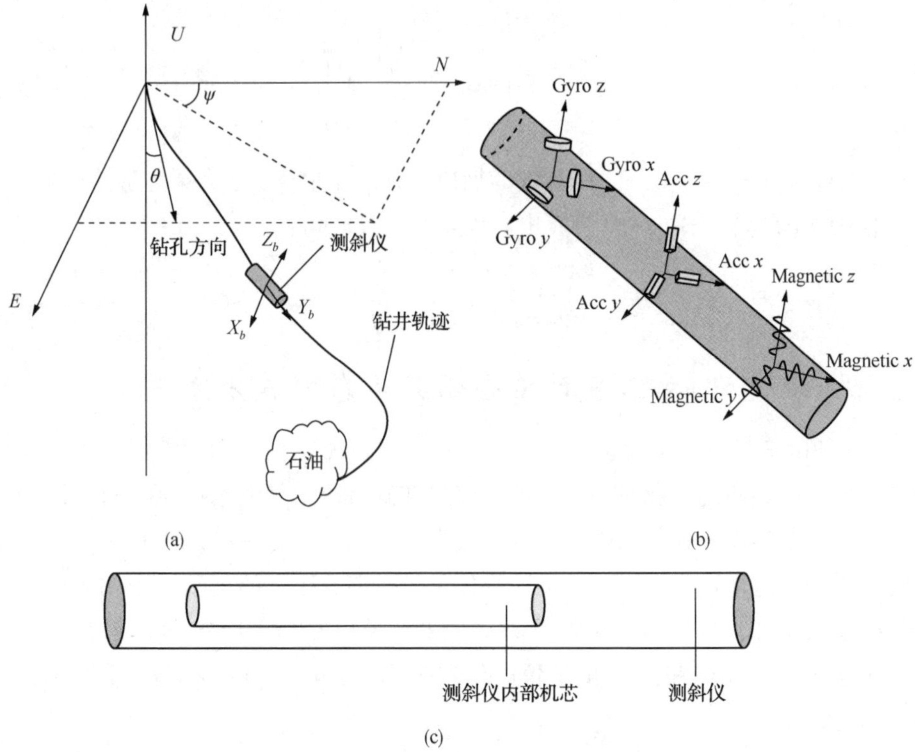

图 2-8　测斜仪井下工作姿态角示意图

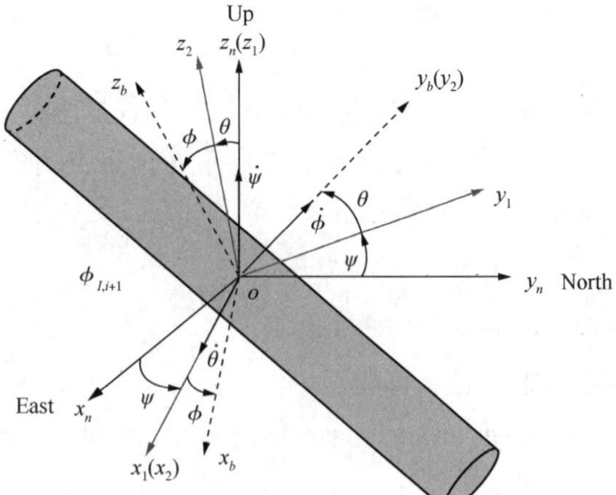

图 2-9　坐标系转换关系示意图

$$C_b^n=(C_n^b)^T \tag{2-8}$$

在随钻井斜测量中，加速度计的实际输出为 ω_{ib}^b，表示安装在载体上的加速度计相对于惯性坐标系的角速率在载体坐标系上的投影。

$$\omega_{nb}^b=\omega_{ib}^b-C_n^b(\omega_{ie}^n+\omega_{en}^n) \tag{2-9}$$

式中，ω_{nb}^b为载体坐标系相对于导航坐标系的角速度在载体坐标系上分量构成的矢量。通过陀螺的实际输出 ω_{ib}^b减去导航坐标系上的角速度矢量获得。

θ、ψ、ϕ 分别为随钻测斜仪过程中的倾斜角、方位角和工具面角。$\dot{\theta}$、$\dot{\psi}$、$\dot{\phi}$ 分别表示载体三次转动的角速率。建立角速率数学模型如下：

$$\omega_{nb}^b=\begin{bmatrix}0\\ \dot{\psi}\\ 0\end{bmatrix}+C_3\begin{bmatrix}\dot{\theta}\\ 0\\ 0\end{bmatrix}+C_3C_2\begin{bmatrix}0\\ 0\\ \dot{\phi}\end{bmatrix} \tag{2-10}$$

经过整理可得：

$$\dot{\omega}=\frac{1}{\cos\theta}\begin{bmatrix}\cos\theta\cos\psi & 0 & \cos\theta\sin\phi\\ -\sin\phi & 0 & \cos\psi\\ \sin\theta\sin\phi & c\theta & -\sin\theta\cos\psi\end{bmatrix}\omega_{nb} \tag{2-11}$$

式中，$\omega_{nb}^b=[\omega_{nbx}^b \quad \omega_{nby}^b \quad \omega_{nbz}^b]^T$ 为载体的角速率；$\dot{\omega}=[\dot{\theta} \quad \dot{\psi} \quad \dot{\phi}]^T$。

解算式(2-10)和式(2-11)后可得到 ω_{nb}^b，即可求得 θ、ϕ、ψ 三个角度，即钻具的姿态角，初步可解算出井眼钻进姿态。

加速度计实际测量的是重力加速度的分量，可利用加速度计测量井眼的姿态参数即井斜角和工具面角。于是由式(2-8)可知重力矢量坐标系的转换满足下式：

$$\begin{bmatrix}v_{x1}\\ v_{y1}\\ v_{z1}\end{bmatrix}=\begin{bmatrix}1 & 0 & 0\\ 0 & \cos\beta & -\sin\beta\\ 0 & \sin\beta & \cos\beta\end{bmatrix}\begin{bmatrix}\cos\gamma & 0 & -\sin\gamma\\ 0 & 1 & 0\\ \sin\gamma & 0 & \cos\gamma\end{bmatrix}\begin{bmatrix}v_x\\ v_y\\ v_z\end{bmatrix}$$

$$=\begin{bmatrix}\cos\gamma & 0 & -\sin\gamma\\ -\sin\beta\sin\gamma & \cos\beta & -\sin\beta\cos\gamma\\ \cos\beta\sin\gamma & \cos\beta & \cos\gamma\end{bmatrix}\begin{bmatrix}v_x\\ v_y\\ v_z\end{bmatrix}=C\begin{bmatrix}v_x\\ v_y\\ v_z\end{bmatrix} \tag{2-12}$$

式中，v_{x1}、v_{y1}、v_{z1}和v_x、v_y、v_z 分别为同一点在坐标系$OX_1Y_1Z_1$ 和 OXYZ 中各轴的标。

$$Acc=C_n^bG_0 \tag{2-13}$$

式中，$Acc=[Acc_x \quad Acc_y \quad Acc_z]^T$；$G_0=[0 \quad 0 \quad g]^T$；$g$ 表示为当地的重力加

速度。

根据式(2-7)和式(2-12)，即可求出井斜角和工具面角的表达式：

$$\tan\theta=\frac{-Acc_y}{\sqrt{(Acc_x^2+Acc_z^2)}} \tag{2-14}$$

$$\tan\phi=\frac{Acc_x}{-Acc_z} \tag{2-15}$$

磁通门是通过测量地层中微弱磁场的器件，在没有磁干扰的情况下沿着随钻测斜仪测量工具轴的三个轴向分别安装三个磁通门传感器测量出地磁场的分量。在地理坐标系中，地磁场矢量 B_0 方向不是直接指向磁北方向，而是在磁北方向的竖直面内与磁北方向有一夹角 β，此角称为磁倾角[10]。由式(2-8)可知地磁场矢量从地理坐标系到钻具坐标系之间的变换满足：

$$B=C_n^b\beta \tag{2-16}$$

式中，$B=[B_x \quad B_y \quad B_z]^T$；$\beta=[0 \quad B_0\cos\beta \quad -B_0\cos\beta]^T$。

由此可以解算出方位角，即：

$$\tan\psi=\frac{g(B_ZAcc_x-B_x Acc_z)}{B_y(Acc_x^2+Acc_y^2)-Acc_y(B_zAcc_x+B_z Acc_z)} \tag{2-17}$$

由上可知，根据三轴加速度计和三轴磁通门传感器的测量数据即可求得钻具的井斜角、方位角和工具面，从而确定当前的钻进姿态。

2.3 井下近钻头随钻测量仪器

2.3.1 井下近钻头随钻测量仪器组成

井下近钻头随钻测量仪器包括磁通门传感器、温度传感器、加速度传感器、脉冲多路调制器、电墩驱动器、脉冲发生器短节、电池筒短节、驱动短节、探管短节等有关的电子线路[2]。

2.3.2 近钻头测量单元

井下测斜仪短节所需传感器主要由加速度计传感器和磁通门传感器组成。加速度计传感器相较于传统的陀螺仪的优点是，体积更小、精度更高、性能更稳定、功耗更小，同时成本也更低。加速度计传感器使用固态封装，在井下复杂的工况环境中，相比于陀螺仪传感器要稳定得多，测量精度也能得到保障。通过单片机系统将加速度计和磁通门采集到的模拟信号进行 A/D 转换，传输到地面主控系统，从而能实时清楚地知道井下钻井仪器的姿态[11]。

井下测斜仪短节所需传感器主要由加速度计传感器和磁通门传感器组成。加速度计传感器需要三个互相正交固定，测得 Gx、Gy 和 Gz 信号；磁通门传感器同样需要三个互相正交固定，测得 Hx、Hy 和 Hz 信号。这六个信号通过模数转换芯片后转成数字信号，再通过单片机系统将其传输到地面的主控计算机中。地面主控计算机通过对测斜仪采集的数据进行计算，将仪器的姿态模拟出来，地面工作人员可以通过计算机实时观察井下仪器的姿态。

三个加速度计传感器互相正交安装，三个磁通门传感器也互相正交安装，温度传感器安装在电路板上，加速度计传感器和磁通门传感器采集到的是模拟信号，这六组模拟信号通过线束传入电子电路部分，在电路中进行滤波及去除高频干扰，然后通过模数转换模块转换成数字信号，最后将数字信号通过无线传输系统上传到地面上位机。

2.3.3 近钻头跨螺杆数据传输系统

利用跨螺杆数据传输系统进行发射频率可控的随钻测量参数的跨螺杆传输，传感测量模块采集所述钻头在实时到达位置处的随钻测量参数；中央处理模块接收所述随钻测量参数，并将所述随钻测量参数进行编码，生成含有所述随钻测量参数信息的第一交变电流信号和表征目标发射频率的频率控制信号；发射控制模块接收所述第一交变电流信号和所述频率控制信号，产生与所述频率控制信号匹配的第二交变电流信号，使得在所述发射控制模块上下短节位置处形成对应的电压差，并通过井筒内的钻井液、周围地层、钻具上用以连接上下短节的螺杆以及短节本体形成的回路将所述电压差转换成所述发射电流信号以进行传输；中央处理模块进一步接收通过所述发射控制模块检测到的所述发射电流信号对应的反馈信息，计算当前发射电流信号的电流值，将所述电流值与预设的电流标准阈值进行比较，根据比较结果调整所述目标发射频率以改变所述频率控制信号。基于所述反馈信息调整目标发射频率，若判断出所述电流值小于所述电流标准阈值且其差值超过预设的调整阈值，则基于工程需求参数提高所述目标发射频率；若判断出当前发射电流信号的电流值大于所述电流标准阈值且其差值超过所述调整阈值，则基于工程需求参数减小所述目标发射频率，并输出相应的所述频率控制信号用以改变所述第二交变电流信号的频率。信号接收装置接收来自信号发射装置的所述发射电流信号并从中解析出所传输的随钻测量参数，以进行数据及信号的跨螺杆的无线传输。

2.3.4 配套辅助单元

2.3.4.1 微型 Pt 热电阻温度传感器

利用电阻的热效应进行温度测量。由于金属导体的电阻值会随温度的增加而增加，热电阻一端受热时热电阻电路中就有电势差，可通过测量电势差完成温度的测量。因为金属铂(Pt)具有很好的重现性和稳定性，使得通常的 Pt 传感器具有测量精度高、性能稳定、耐振、抗冲击、耐高温耐压性能好、便于安装的特点。其测量电路原理如图 2-10 所示。

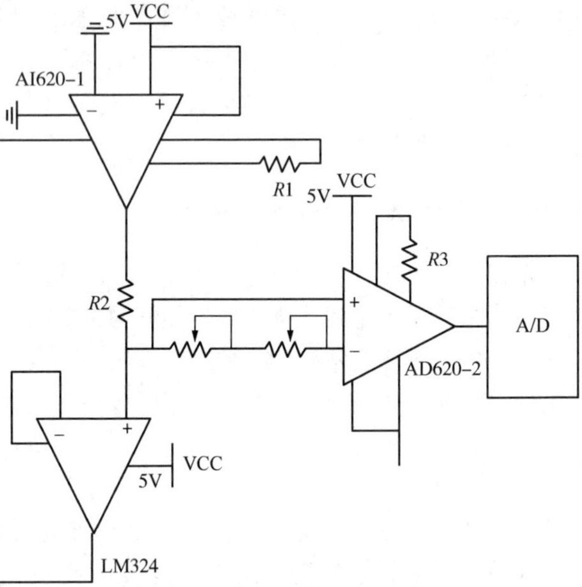

图 2-10　温度传感器测量电路原理图

2.3.4.2 硅压阻式压力传感器

硅压阻式压力传感器是利用单晶硅的压阻效应而构成，即半导体材料的某一晶面被施加压力时，晶体固有电阻率会产生变化的物理现象。R_1，R_2，R_3，R_4 为 4 个敏感电阻，初始状态具有相等的电阻值，它们是利用扩散工艺在半导体材料的感压模片上产生的，并且连接形成惠斯通电桥结构[12]。其中，输入电压为 U_i，使用恒流源或者恒压源供电，电阻初始值都是相等的，即 $R_1=R_2=R_3=R_4$，此时电桥具有一个平衡状态，输出电压 U_0 为 0。当有压力作用于膜片，就会造成敏感电阻的阻值产生改变，电桥的平衡状态将被打破，使得输出电压 U_0 发生改变，从而能够测量压力。测量原理如图 2-11 所示。

2.3.4.3 存储器

以华邦公司生产的非遗失性闪速存储器 W25Q128FVH 为例，该芯片容量为 128Mbit，满足存储要求。W25Q128FVH 具有先进的写保护机制，支持速度高达 104MHz 的 SPI 兼容总线的存取操作，通过 SPI 串行接口与 C8051F35X 单片机通信，工作电压范围为 2.7~3.6V，能够满足井下低功耗的设计要求。电路如图 2-12 所示。

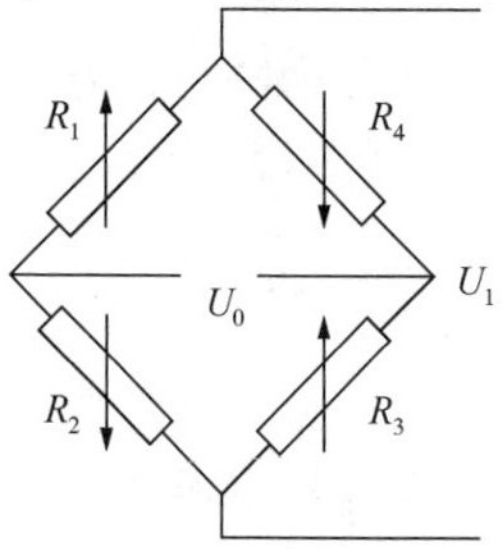

图 2-11 压阻式压力传感器工作原理图

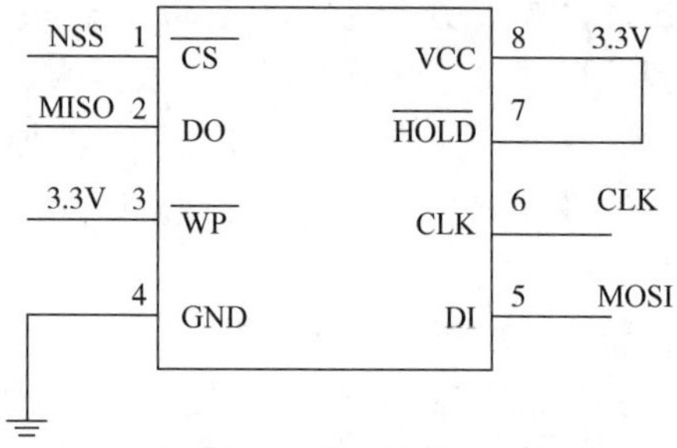

图 2-12 数据存储电路

2.4 井下近钻头钻具姿态动态测量技术

2.4.1 井下近钻头随钻测量特性分析

典型的静态井斜测量通过停钻的方式精确测量井斜角，此时测得的数据无振动、冲击、扭转等因素的干扰，所以数据准确且误差较小。但当钻具开始工作时近钻头位置上安装的传感器将会受到许多因素的影响和干扰，其中加速度计检测出的信号包括有效信号和干扰信号，此时重力加速度在工具轴垂直面上的投影分量很小，而干扰信号远大于重力信号，这时的干扰信号是多种噪声和多余信号的叠加。

1）离心力加速度

钻具在旋转的过程中，产生的离心力加速度将会叠加到加速度计径向和切向的方向上，并且在径向和切向方向的离心加速度信号为周期信号，周期的大小与钻具的转速有关。离心加速度的大小与钻头转速和加速度计安装位置有关，通常情况下加速度计安装完毕，离心加速度随着钻头转速的升高而增加。滤除离心加速度可选用高通滤波器，但钻头转速较低时滤波效果欠佳。

2）重力加速度

进行井斜动态测量时，三轴加速度计随钻具一起绕 z 轴旋转，考虑到实际钻井时井斜的变化很慢，因此重力加速度信号轴向分量 g_z 固有频率接近 0Hz，钻具通常转速 60~400r/min，因此径向分量 g_x 和切向分量 g_y 为周期性信号，固有频率 1~6.67Hz，频率随转速一同变化。

3）钻具振动

当钻头钻进的过程中，钻具与井壁、岩石接触产生不同的复杂振动，这些复杂的振动具体可分为：扭转振动、轴向振动和横向振动，三种振动方式相互叠加，因此振动模态复杂多变且难以预测。钻具振动产生的信号为随机信号，频带范围宽，这使得加速度传感器数据中叠加了大量有色噪声，针对传感器振动干扰噪声的硬件滤波并不能满足井底复杂噪声的有效去除。

4）冲击加速度

钻压失稳所产生蹩跳，强烈的冲击沿钻柱轴方向传递整个钻柱，严重时会损坏 MWD 内部的精密仪器。从加速度计所输出的冲击加速度信号来看，信号通常呈现尖峰和阶跃干扰的特点且随机产生，信号从产生到消失的时间短暂。

因此钻进过程中近钻头位置的加速度计测量信号 A_{dynamic} 可表示为：

$$A_{\text{dynamic}}=A_c+A_V+A_s+A_g \tag{2-18}$$

式中，A_c 为钻进过程中钻柱高速旋转所产生的离心力加速度信号；A_V 是钻具振动所产生的振动加速度信号；A_s 高强度的瞬时冲击信号；A_g 是重力加速度。

通常情况下，停钻测量的静态信号就是加速度计在该点的重力加速度分量信号，但在近钻头位置的加速度计动态测量的输出信号 A_{dynamic} 是该点重力加速度分量信号与多个干扰信号的叠加，因此滤除动态测量过程中产生的离心加速度、振动加速度和冲击加速度才能有效地提取出该测量位置的重力加速度信号，进而提高井斜角和工具面角动态测量的精度。

传统的静态姿态测量方法通过频繁停钻的方式获得井斜角和工具面角，由于停钻测量，因此所获取的姿态信息是无振动干扰的，而且数据误差小，但是测量的数据相对滞后。当随钻测斜仪在进行动态测量时近钻头位置上的传感器会受到长时间振动的影响，振动具体包含扭转振动、轴向振动和横向振动，三种振动互相叠加，导致振动产生的误差比较复杂。振动产生的噪声信号为随机信号，这使得加速度计测量的数据中包含白噪声与有色噪声，当随钻测斜仪在复杂的振动环境中，因受到复杂振动的干扰导致噪声的信号可能包含野值，部分噪声信号表现出厚尾特性，因此仅仅滤除高斯噪声是不够的，还需对厚尾非高斯的量测噪声进行滤除，才能得到有效准确的加速度信号，从而提高随钻测斜仪的测量精度。

2.4.2 近钻头钻具姿态动态解算方法

近钻头钻具姿态动态解算方法一般分为陀螺仪+加速度计组合钻具姿态动态解算方法、磁通门+加速度计组合钻具姿态动态解算方法。

在上述陀螺仪+加速度计组合钻具姿态解算方法的基础上，提升到钻具姿态动态解算方法，即实时解算钻具姿态。此时测量出的数据无振动、冲击、扭转等因素的干扰，所以数据准确且误差较小。但在钻进过程中由于近钻头受到长时间复杂振动以及传感器自身传测量精度带来的问题，将会导致三轴加速度计和三轴陀螺仪包含大量的白噪声和有色噪声，针对这些噪声中具有高斯分布特征的部分，采用能够连续递推计算的无迹卡尔曼滤波进行滤除。

考虑到万向锁的问题，针对旋转矩阵 C_n^b，将以姿态测量中广泛应用的四元数形式进行进一步表示：

$$Q=q_0+q_1i+q_2j+q_3k \tag{2-19}$$

式中，q_0、q_1、q_2、q_3 均为实数。

$$C_n^b=\begin{bmatrix} q_0^2+q_1^2-q_2^2-q_3^2 & 2(q_1q_2-q_0q_3) & 2(q_1q_3+q_0q_2) \\ 2(q_1q_2+q_0q_3) & q_0^2-q_1^2+q_2^2-q_3^2 & 2(q_2q_3-q_0q_1) \\ 2(q_1q_3-q_0q_2) & 2(q_2q_3+q_0q_1) & q_0^2-q_1^2-q_2^2+q_3^2 \end{bmatrix} \tag{2-20}$$

假设 t 时刻的加速度计输出矩阵为 $a(t)$：

$$a(t)=\begin{bmatrix} a_x \\ a_y \\ a_z \end{bmatrix}=T(t)\cdot\begin{bmatrix} 0 \\ 0 \\ g \end{bmatrix} \tag{2-21}$$

基于加速度计和陀螺仪的测量结果，建立非线性数学方程，假设 t 时刻的状态方程 $\overline{X}(t)$ 为：

$$\overline{X}(t)=A(t)X(t)+n(t) \tag{2-22}$$

式中，$n(t)$ 为系统状态噪声；$A(t)$ 为状态转移矩阵；$X(t)$ 为前一时刻的状态方程。

若采样 t 时刻三轴加速度计和三轴陀螺仪的测量输出矩阵分别为 $a(t)$ 和 $\omega(t)$：

$$a(t)=\begin{bmatrix} a_x \\ a_y \\ a_z \end{bmatrix} \qquad \omega(t)=\begin{bmatrix} \omega_x \\ \omega_y \\ \omega_z \end{bmatrix} \tag{2-23}$$

式中，a_x、a_y、a_z、ω_x、ω_y、ω_z 分别表示三轴加速度计和三轴陀螺仪沿钻具

x 轴、y 轴和 z 轴方向的重力加速度分量和角速度分量。

观测方程为：

$$y(t)=[a(t)\omega(t)]^T=H(X(t))+v(t) \tag{2-24}$$

式中，H 函数为非线性函数；$y(t)$ 为 t 时刻的传感器测量向量；$v(t)$ 为 t 时刻限幅滤波后的测量噪声。分别对状态方程和测量方程进行离散化处理得：

$$X_{UKF,k+1}=X_{UKF,k}(I_{UKF}+t_s C_k)+w_{UKF,k} \tag{2-25}$$

$$Z_{UKF,k+1}=H_{UKF}(X_{UKF,k})+v_{UKF,k} \tag{2-26}$$

式中，I_{UKF}为单位矩阵；t_s 为采样周期；$w_{UKF,k}$为高斯白噪声；$v_{UKF,k}$为传感器的测量噪声；C_k 为第 k 步矩阵 C 的取值。

假定 $k-1$ 步滤波后得到状态变量$\hat{X}_{k-1}$及协方差矩阵$\hat{P}_{k-1}$，sigma 点选取为：

$$r_{i,k-1}=\begin{cases}\hat{X}_{UKF,k-1} i=0\\ \hat{X}_{UKF,k-1}+(\sqrt{(n+1)\hat{P}_{UKF,k-1}})_i i=1,\ \cdots,\ n\\ \hat{X}_{UKF,k-1}-(\sqrt{(n+1)\hat{P}_{UKF,k-1}})_i i=n+1,\ \cdots,\ 2n\end{cases} \tag{2-27}$$

式中 n 为状态方程中状态变量个数，计算权值：

$$\omega_i^m=1/2(n+d) i=1,\ 2,\ \cdots,\ 2n \tag{2-28}$$

$$\omega h_i=\begin{cases}d/(n+d) i=1\\ \dfrac{d}{n+d}+\left(1-\dfrac{d+n}{n}+d\right) i=2,\ \cdots,\ 2n\end{cases} \tag{2-29}$$

式中，$\omega^m{}_i$、$\omega^c{}_i$ 分别为求一、二阶统计特性时的权系数；d 为尺度参数。

计算时间的更新方程，使 sigma 点进行非线性传播：

$$r_i^a=(I+t_s C_{k-1})r_i,\ i=1,\ 2,\ \cdots,\ 2n \tag{2-30}$$

$$\bar{S}=\sum_{i=0}^{2n}\omega_i r_i^a,\ i=1,\ 2,\ \cdots,\ 2n \tag{2-31}$$

结合方差矩阵 $P_{UKF,k-1}$得到下一步预测协方差矩阵 $\bar{P}_{UKF,k|k-1}$：

$$\bar{P}_{UKF,\ k|k-1}=\sum_{i=0}^{2n}\omega_i(r_i^a-\bar{S}_i^a)^T+P_{UKF,\ k-1},\ i=1,\ 2,\ \cdots,\ 2n \tag{2-32}$$

计算观测更新方程：

$$\bar{P}_{UKF,\ Z}=\sum_{i=0}^{2n}\omega_i(Y_{UKF,\ i}^a-Z_{UKF})(Y_{UKF,\ i}^a-Z_{UKF})^T \tag{2-33}$$

$$\bar{P}_{UKF,\ X|Z}=\sum_{i=0}^{2n}\omega_i(Y_{UKF,\ i}^a-\bar{S})(Y_{UKF,\ i}^a-Z_{UKF})^T \tag{2-34}$$

式中，$Y_{UKF,i}^a=H(r_i^a)$；$Z_{UKF}=\sum_{i=0}^{2n}d/(n+d)X_{UKF,\ i}^a$，$i=1,\ 2,\ \cdots,\ 2n$。

滤波更新得到：

$$K_k = \overline{P}_{UKF,X|Z}\overline{P}^{-1}{}_{UKF,Z} \tag{2-35}$$

$$X_{UKF,k} = \overline{S}K_k[\overline{X}_{UKF,k} - Z_{UKF}] \tag{2-36}$$

$$P_{UKF,k} = \overline{P}_{UKF,k|k-1} - K_k\overline{P}_{UKF,Z}K^{\mathrm{T}}{}_k \tag{2-37}$$

式中，$\overline{X}_{UKF,k}$为第 k 步传感器观测数据$Y_{UKF,k}$跟踪变换所得，得到第 k 步状态变量的滤波结果$X_{UKF,k}$，即为加速度计和陀螺仪数据的滤波结果。

由于受到复杂振动的干扰，导致噪声信号可能包含野值，部分噪声信号表现出厚尾特性，因此仅仅滤除高斯噪声还很不够，还要对厚尾非高斯的量测噪声进行滤除才能得到有效准确的加速度信号，从而提高随钻测斜仪的测量精度。

从图 2-13 中可以看出，高斯分布已经无法准确模拟野值干扰下的噪声分布，有一种叫做 Student' s t 分布可以更好地对厚尾非高斯噪声进行准确的建模。与高斯密度概率相比，Student' s t 分布可以更好地匹配厚尾非高斯分布，如图 2-14 所示。

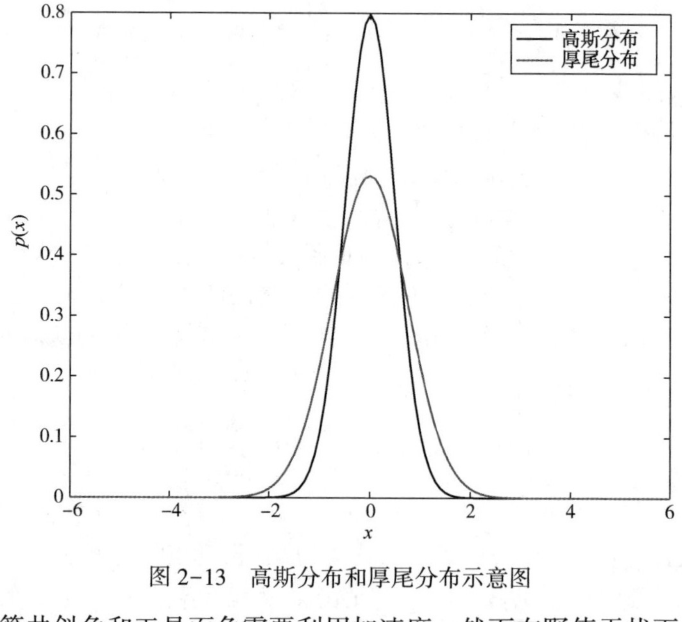

图 2-13　高斯分布和厚尾分布示意图

由于计算井斜角和工具面角需要利用加速度，然而在野值干扰下会使加速度计产生很多厚尾量测噪声，所以要对加速度中的厚尾量测噪声进行滤除，因此采用 Student' s t 分布模型与变分贝叶斯理论的鲁棒高斯近似的厚尾量测滤波算法进行滤波，经过无迹卡尔曼滤波后的加速度为：

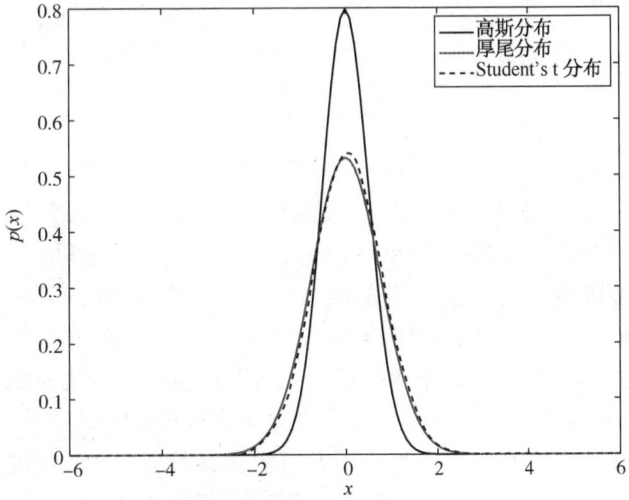

图 2-14　高斯分布、野值干扰的厚尾分布、Student's t 分布示意图

$$x_{HTMF}(t)=\begin{bmatrix}a_x^f\\a_y^f\\a_z^f\end{bmatrix} \tag{2-38}$$

考虑如下离散化的状态方程和量测方程：

$$x_{HTMF,k}=f_{HTMF}(x_{HTMF,k-1})+\omega_{HTMF,k-1} \tag{2-39}$$

$$z_{HTMF,k}=h_{HTMF}(x_{HTMF,k})+v_{HTMF,k} \tag{2-40}$$

式中，$x_{HTMF,k}$为状态向量；$z_{HTMF,k}$为量测向量；f_{HTMF}和h_{HTMF}为状态转移函数和观测函数；$\omega_{HTMF,k}$和$v_{HTMF,k}$分别为系统噪声和量测噪声，其中$\omega_{HTMF,k}$为高斯白噪声，这部分噪声已在第三部分利用无迹卡尔曼滤波进行滤除，$v_{HTMF,k}$为厚尾噪声。

$$\begin{aligned}p(v_{HTMF,k})&=St(v_{HTMF,k};\ 0,\ R_k,\ u_k)\\&=\int_0^{+\infty}\mathrm{N}\left(v_{HTMF,\ k};\ 0,\ \frac{R_k}{\lambda_k}\right)\times \mathrm{G}\left(\lambda_k;\ \frac{u_k}{2},\ \frac{u_k}{2}\right)\mathrm{d}\lambda_k\end{aligned} \tag{2-41}$$

式中，$St(\cdot;\ 0,\ R_k,\ u_k)$表示为均值为 0、尺度矩阵为 R_k、自由度参数为 u 的 Student's t 概率密度函数；$\mathrm{N}(\cdot;\ \mu,\ \Delta)$为均值$\mu$、方差为 Δ 的高斯分布；$\mathrm{G}(\lambda_k;\ \alpha,\ \beta)$为形状参数为$\alpha$、比率参数为$\beta$的 Gamma 分布，$\lambda_k$ 为辅助参数。

考虑到 R_k、λ_k 和u_k 的不确定性，利用逆 Wishart 分布和 Gamma 分布作为其先验分布：

$$p(R_k)=IW(R_k;\ \hat{s}_{k|k},\ \hat{S}_{k|k}) \tag{2-42}$$

$$p(\lambda_k)=G(\lambda_k;\ \hat{a}_{k|k},\ \hat{b}_{k|k}) \tag{2-43}$$

$$p(u_k)=G(u_k;\ \hat{c}_{k|k},\ \hat{d}_{k|k}) \tag{2-44}$$

式中，$IW(\cdot)$为逆 Wishart 分布；$\hat{s}_{k|k}$和$\hat{S}_{k|k}$分别为R_k 的分布参数；$\hat{a}_{k|k}$和$\hat{b}_{k|k}$分别为λ_k 的分布参数；$\hat{c}_{k|k}$和 $\hat{d}_{k|k}$分别为u_k 的分布参数。

2.4.3 厚尾量测噪声的鲁棒高斯近似滤波算法

经过上述对带厚尾的量测噪声进行分析后，并对厚尾量测噪声进行滤波。

首先，将式(2-38)作为状态变量，通过容积采样得到$\hat{x}_{HTMF,k|k-1}$和$P_{HTMF,k|k-1}$。设 $k-1$ 时刻系统状态向量的估计值为$\hat{x}_{HTMF,k-1|k-1}$，协方差矩阵为$P_{HTMF,k-1}$，经过容积采样，得到状态向量$\hat{x}_{HTMF,k|k-1}$，进一步预测和预测协方差矩阵$P_{HTMF,k|k-1}$：

$$P_{HTMF,k-1}=T_{k-1}T_{k-1}^T \tag{2-45}$$

$$X_{i,k-1}=T_{k-1}r_i+\hat{x}_{HTMF,k-1|k-1} \tag{2-46}$$

$$X_{i,k-1}^*=f_{HTMF}(X_{i,k-1}) \tag{2-47}$$

$$\hat{x}_{HTMF,\ k|k-1}=\frac{1}{m}\sum_{i=1}^{m}X_{i,\ k-1}^* \tag{2-48}$$

$$P_{HTMF,\ k|k-1}=\frac{1}{m}\sum_{i=1}^{m}X_{i,\ k-1}^*X_{i,\ k-1}^{*T}-\hat{x}_{HTMF,\ k|k-1}\hat{x}_{HTMF,\ k|k-1}^T+Q_{HTMF,\ k} \tag{2-49}$$

式中，T_{k-1}为$P_{HTMF,k-1}$经 Cholesky 分解得到的分解阵；r_i为由全对称区域 n 维空间中以 1 为生成元的向量组成的集合的第 i 列，$i=1,2,\cdots,m$，且 $m=2n$，m 为总列数；n 为状态向量维度；X_i为容积采样点，$X^*{}_i$ 为X_i 经f_{HTMF}变换后的采样点；$Q_{HTMF,k}$为 $\omega_{HTMF,k}$的协方差矩阵。

然后，通过遗忘因子对厚尾量测噪声各参数进行时间更新：

$$\hat{s}_{k|k-1}=\tau(\hat{s}_{k-1|k-1}-n_z-1)+n_z+1 \tag{2-50}$$

$$\hat{S}_{k|k-1}=\tau\ \hat{S}_{k-1|k-1} \tag{2-51}$$

$$\hat{c}_{k|k-1}=\hat{\tau c}_{k-1|k-1} \tag{2-52}$$

$$\hat{d}_{k|k-1}=\hat{\tau d}_{k-1|k-1} \tag{2-53}$$

式中，τ 为遗忘因子；n_z 为量测向量的维度。

然后进行量测预测，包括容积采样和采样点经量测方程进行传递，以及量测预测，互协方差矩阵和伪量测误差协方差矩阵更新。

$$P_{HTMF,k|k-1}=T_{k|k-1}T_{k|k-1}^T \tag{2-54}$$

$$X_{i,k|k-1}=T_{k-1}r_i+\hat{x}_{HTMF,k-1} \tag{2-55}$$

$$Z_{i,k|k-1}=h_{HTMF}(X_{i,k|k-1}) \tag{2-56}$$

$$\hat{z}_{HTMF,\ k|k-1} = \frac{1}{m}\sum_{i=1}^{m} Z_{i,\ k|k-1} \tag{2-57}$$

$$P^{xz}_{HTMF,\ k|k-1} = \frac{1}{m}\sum_{i=1}^{m} X_{i,\ k|k-1}Z^{T}_{i,\ k|k-1} - \hat{x}_{HTMF,\ k|k-1}\hat{z}^{T}_{HTMF,\ k|k-1} \tag{2-58}$$

$$\widetilde{P}^{zz}_{\mathrm{HTMF},\ k|k-1} = \frac{1}{\mathrm{m}}\sum_{\mathrm{i}=1}^{\mathrm{m}} Z_{i,\ k|k-1}Z^{T}_{i,\ k|k-1} - \hat{z}_{HTMF,\ k|k-1}\hat{z}^{T}_{HTMF,\ k|k-1} \tag{2-59}$$

式中，$Z_{i,k|k-1}$为容积采样点$X_{i,k|k-1}$经量测方程传递后得到的量测预测值。

根据变分贝叶斯进行变分迭代，在每次量测更新过程中进行变分迭代循环($j=0, 1, 2\cdots, N'-1$)，N'为变分迭代次数，包含初始化变分参数和变分迭代循环，其中初始化变分参数包括：

$$\hat{x}^{(0)}_{k|k} = \hat{x}_{k|k-1},\ P^{(0)}_{k} = P_{k-1}$$

$$\hat{s}^{(0)}_{k|k} = \hat{s}_{k|k-1},\ \hat{S}^{(0)}_{k|k} = \hat{S}_{k|k-1}$$

$$\hat{c}^{(0)}_{k|k} = \hat{c}_{k|k-1},\ \hat{d}^{(0)}_{k|k} = \hat{d}_{k|k-1}$$

修正量测噪声协方差矩阵和量测误差协方差矩阵更新为：

$$\widetilde{R}^{(j)}{}_{k} = (E^{(j)}(R^{-1}{}_{k}))^{-1}/E^{(j)}(\lambda_{k}) \tag{2-60}$$

$$P^{zz(j+1)}_{HTMF,k|k-1} = \widetilde{P}^{zz}_{HTMF,k|k-1} + \widetilde{R}^{(j)}{}_{k} \tag{2-61}$$

状态更新为：

$$K^{(j+1)}_{HTMF,k} = P^{xz}_{HTMF,k|k-1}(P^{zz(j+1)}_{HTMF,k|k-1})^{-1} \tag{2-62}$$

$$\hat{x}^{(j+1)}_{HTMF,k|k} = \hat{x}_{HTMF,k|k-1}K^{(j+1)}_{HTMF,k}(z_{HTMF,k} - \hat{z}_{HTMF,k|k-1}) \tag{2-63}$$

$$P^{(j+1)}_{HTMF,k} = P_{HTMF,k|k-1} + K^{(j+1)}_{HTMF,k}P^{zz(j+1)}_{HTMF,k|k-1}(K^{(j+1)}_{HTMF,k})^{T} \tag{2-64}$$

式中，$K^{(j+1)}_{HTMF,k}$为卡尔曼增益。

变分参数更新需先进行容积采样和采样点传播，更新后得到过渡矩阵$B^{(j)}_{k}$：

$$X^{(j)}_{i,k} = T_{\mathrm{k}-1}r_{\mathrm{i}} + \hat{x}^{(j)}_{HTMF,k|k} \tag{2-65}$$

$$Z^{(j)}_{i,k} = h_{HTMF}(X^{(j)}_{i,k}) \tag{2-66}$$

$$\hat{z}^{(j)}_{HTMF,\ k} = \frac{1}{m}\sum_{i=1}^{m} Z^{(j)}_{i,\ k} \tag{2-67}$$

$$B^{(j)}_{k} = \frac{1}{m}\sum_{i=1}^{m} Z^{(j)}_{i,\ k}Z^{(j)\ T}_{i,\ k} - \hat{z}^{(j)}_{HTMF,\ k}\hat{z}^{(j)\ T}_{HTMF,\ k} \tag{2-68}$$

尺度矩阵的分布参数更新式如下：

$$\hat{s}^{(j+1)}_{k|k} = \hat{s}_{k|k-1} + 1 \tag{2-69}$$

$$\hat{S}^{(j+1)}_{k|k} = \hat{S}_{k|k-1} + E^{(j)}(\lambda_{k})E^{(j)}[(z_{HTMF,k} - h_{HTMF}(x_{HTMF,k}))(z_{HTMF,k} - h_{HTMF}(x_{HTMF,k}))^{T}] \tag{2-70}$$

自由度参数的分布参数更新式如下：

$$\hat{c}_{k|k}^{(j+1)}=\hat{c}_{k|k-1}+\frac{1}{2} \tag{2-71}$$

$$\hat{d}_{k|k}^{(j+1)}\approx\hat{d}_{k|k-1}-\frac{1+E^{(j+1)}(\log(\lambda_k))E^{(j+1)}(\log(u_k))}{2} \tag{2-72}$$

辅助参数的分布参数更新式如下：

$$\hat{a}_{k|k}^{(j+1)}=\frac{E^{(j)}(u_k)}{2} \tag{2-73}$$

$$\hat{b}_{k|k}^{(j+1)}=\frac{\mathrm{tr}\{E^{(j)}(R_k^{-1})E^{(j)}[(z_{HTMF,k}-h_{HTMF}(x_{HTMF,k}))(z_{HTMF,k}-h_{HTMF}(x_{HTMF,k}))^T]\}+E^{(j)}(u_k)}{2} \tag{2-74}$$

各个估计参数期望更新如下：

$$E^{(j+1)}(R_k^{-1})=[\hat{s}_{k|k}^{(j+1)}-(n_z+1)]\hat{S}_{k|k}^{(j+1)-1} \tag{2-75}$$

$$E^{(j+1)}(\lambda_k)=\hat{a}_{k|k}^{(j+1)}/\hat{b}_{k|k}^{(j+1)} \tag{2-76}$$

$$E^{(j+1)}(u_k)=\hat{c}_{k|k}^{(j+1)}/\hat{d}_{k|k}^{(j+1)} \tag{2-77}$$

对状态估计，误差协方差矩阵和分布参数进行更新：

$$\hat{x}_{HTMF,k|k}=\hat{x}_{HTMF,k|k}^{(N')},\ \hat{P}_{HTMF,k}=\hat{P}_{HTMF,k}^{(N')} \tag{2-78}$$

$$\hat{s}_{k|k}=\hat{s}_{k|k}^{(N')},\ \hat{S}_{k|k}=\hat{S}_{k|k}^{(N')} \tag{2-79}$$

$$\hat{c}_{k|k}=\hat{c}_{k|k}^{(N')},\ \hat{d}_{k|k}=\hat{d}_{k|k}^{(N')} \tag{2-80}$$

以上则是根据在钻进过程中钻具受到复杂振动干扰导致出现野值，从而产生了带厚尾特性的噪声而建立的加速度厚尾量测噪声滤波模型。

利用旋转振动台和 MEMS 惯性传感器搭建组合随钻测斜仪在线测定实验平台，并对本文所提出的煤层气钻井轨迹近钻头动态测量模型进行实验验证。设置旋转振动台振动频率为 50Hz 运行 30min 得到 200 组测斜仪姿态角数据，上位机读取通过传感器测量的数据并且经过算法进行误差抑制，得出近钻头测斜仪 MEMS 惯性传感器的三轴加速度在扩展卡尔曼滤波(EKF)、无迹卡尔曼滤波和无迹卡尔曼滤波结合加速度厚尾量测滤波算法下的动态比较图。如图 2-15 所示，为分别使用扩展卡尔曼滤波、无迹卡尔曼滤波和本文提出的无迹卡尔曼滤波结合加速度厚尾量测滤波分别对 X 轴、Y 轴和 Z 轴的加速度测量值进行抑制从而得到的动态误差对比图。

图 2-15(a)、(b)和(c)分别为不同滤波算法下的三轴加速度的误差结果对比图，图 2-15(d)、(e)和(f)分别为不同滤波算法下的三轴加速度误差密度分布的结果对比图，从图中可以看出仅使用扩展卡尔曼滤波或仅使用无迹卡尔曼滤波

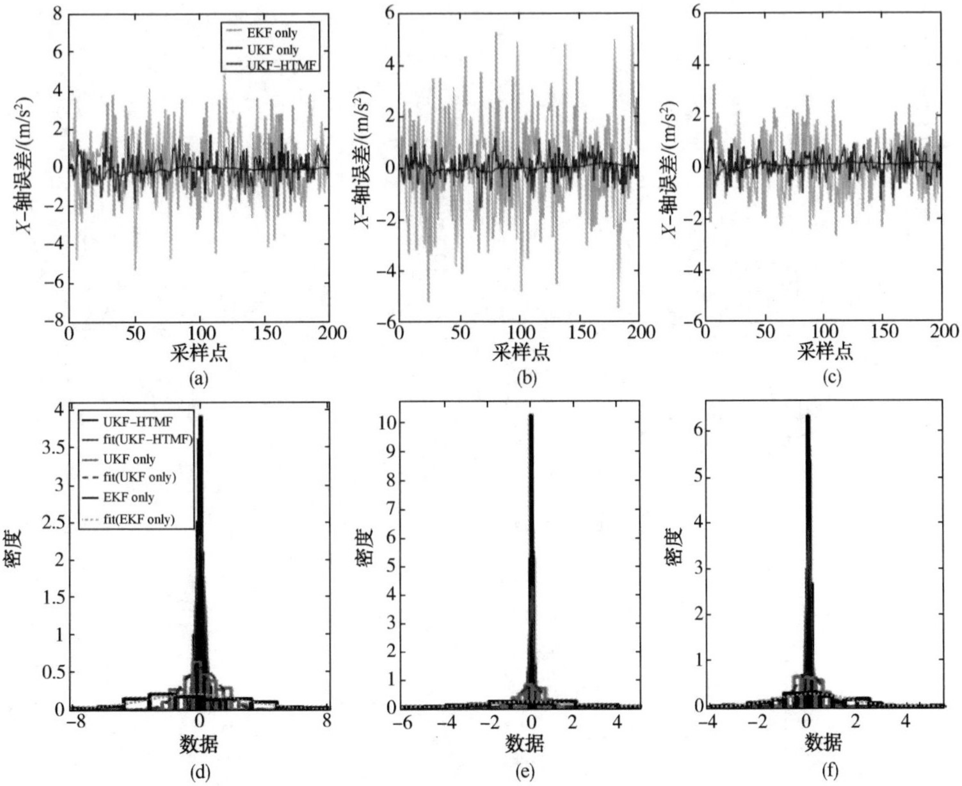

图 2-15　不同滤波算法下的加速度误差结果对比图

的方法对噪声信号滤除的效果较比使用无迹卡尔曼滤波结合加速度厚尾量测滤波的效果差，具体误差数据如表 2-1 所示。

表 2-1　不同滤波算法下的加速度误差结果对比表

加速度轴向	EKF 的误差范围/(m/s^2)	UKF 的误差范围/(m/s^2)	UKF-HTMF 的误差范围/(m/s^2)	EKF 的误差方差	UKF 的误差方差	UKF-HTMF 的误差方差
x 轴	−2. 24～3. 05	−2. 24～3. 05	−2. 24～3. 05	1. 3362	0. 1673	0. 0182
y 轴	−2. 24～3. 05	−2. 24～3. 05	−2. 24～3. 05	1. 0752	0. 0943	0. 0133
z 轴	−2. 24～3. 05	−2. 24～3. 05	−2. 24～3. 05	1. 5645	1. 0080	0. 0102

由表 2-1 可知，从使用不同滤波方法的误差范围和方差来看，无迹卡尔曼滤波结合加速度厚尾量测滤波的方法明显优于仅使用扩展卡尔曼滤波的滤波方法和仅使用无迹卡尔曼滤波的滤波方法，因此使用无迹卡尔曼滤波结合加速度厚尾量测滤波的滤波方法在实验中表现出显著的精度和抗干扰能力。

为进一步验证本文所提出方法的有效性，采用上述方法得到的加速度结果对井斜角和工具面角进行计算，如图 2-16(a)所示，为对近钻头测斜仪 MEMS 传感器测得的分别在扩展卡尔曼滤波、无迹卡尔曼滤波和无迹卡尔曼滤波结合加速度厚尾量测滤波算法作用下的加速度值计算得到的井斜角的结果比较图；图 2-10(b)为使用扩展卡尔曼滤波、无迹卡尔曼滤波和无迹卡尔曼滤波结合加速度厚尾量测滤波算法作用下的加速度值计算得到的井斜角误差抑制后的误差对比图。

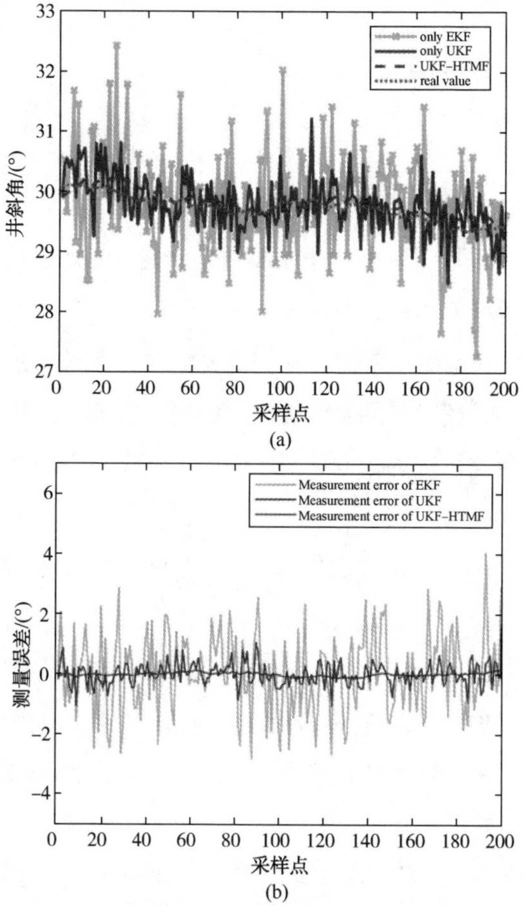

图 2-16 井斜角的结果对比图和误差对比图

从图 2-16(a)和图 2-16(b)中可以看出，使用无迹卡尔曼滤波结合厚尾量测滤波的混合算法的井斜角计算结果比仅使用扩展卡尔曼滤波和无迹卡尔曼滤波更接近于理论值，且误差最小。为了进一步验证无迹卡尔曼滤波结合厚尾量测滤波的混合算法优于其他两种算法，图 2-16(b)中的误差数据如表 2-2 所示。

表 2-2　不同滤波方法下的井斜角误差数据

滤波方法	最大误差值	误差范围	标准差
扩展卡尔曼滤波	4.04°	-3.17°~4.04°	0.6275
无迹卡尔曼滤波	1.02°	-0.92°~1.02°	0.0512
UKF-HTMF 混合滤波	-0.10°	-0.10°~0.09°	0.0014

从表 2-2 可知，采用无迹卡尔曼滤波结合厚尾量测滤波的混合算法的最大误差值、误差范围和标准差相比其他滤波方法是最小的，无迹卡尔曼滤波结合厚尾量测滤波的混合算法比扩展卡尔曼滤波提高 97.5%，无迹卡尔曼滤波结合厚尾量测滤波的混合算法比无迹卡尔曼滤波提高 89.1%，因此，采用无迹卡尔曼滤波结合厚尾量测滤波的混合算法进行近钻头动态测量在实验中表现出显著的精度和抗干扰能力。

如图 2-17(a)所示，为对近钻头测斜仪 MEMS 传感器测得的分别在扩展卡尔曼滤波、无迹卡尔曼滤波和无迹卡尔曼滤波结合加速度厚尾量测滤波算法作用下的加速度值计算得到的工具面角的结果比较图；图 2-17(b)为使用扩展卡尔曼滤波、无迹卡尔曼滤波和无迹卡尔曼滤波结合加速度厚尾量测滤波算法作用下的加速度值计算得到的工具面角误差抑制后的误差对比图。

从图 2-17(a)和图 2-17(b)中可以看出，使用无迹卡尔曼滤波结合厚尾量测滤波的混合算法的工具面角计算结果比仅使用扩展卡尔曼滤波和无迹卡尔曼滤波更接近于理论值，且误差最小。为了进一步验证无迹卡尔曼滤波结合厚尾量测滤波的混合算法优于其他两种算法，图 2-17(b)中的误差数据如表 2-3 所示。

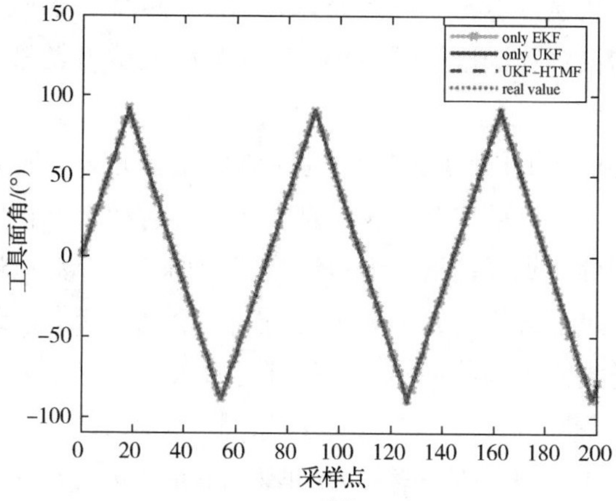

(a)

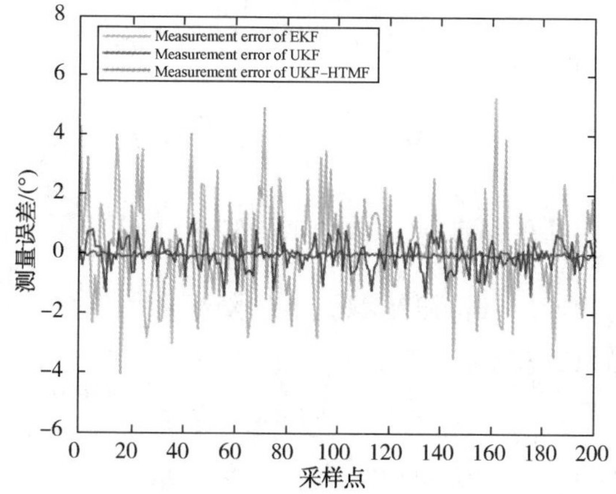

(b)

图 2-17 工具面角的结果对比图和误差对比图

表 2-3 不同滤波方法下的工具面角误差数据

滤波方法	最大误差值	误差范围	标准差
扩展卡尔曼滤波	5.29°	−4.03°~5.29°	0.7543
无迹卡尔曼滤波	1.06°	−0.94°~1.06°	0.0513
UKF-HTMF 混合滤波	−0.13°	−0.13°~0.12°	0.0010

从表 2-3 可知，采用无迹卡尔曼滤波结合厚尾量测滤波的混合算法的最大误差值、误差范围和标准差相比其他滤波方法是最小的，无迹卡尔曼滤波结合厚尾量测滤波的混合算法比扩展卡尔曼滤波提高 97.5%，无迹卡尔曼滤波结合厚尾量

测滤波的混合算法比无迹卡尔曼滤波提高 88.7%。因此，采用无迹卡尔曼滤波结合厚尾量测滤波的混合算法进行近钻头动态测量的实验中表现出显著的精度和抗干扰能力。

同样，在上述的磁通门+加速度计组合钻具姿态解算方法的基础上，提升到钻具姿态动态解算方法，即实时解算钻具姿态。针对冲击干扰信号幅值大、变化剧烈、时间跨度短的特点采用滑动窗口法将三轴加速度计数据进行限幅滤波，对滑动窗口内的数据进行分析比较，将正负两方向出现的最大值附近的一段数据去除，限幅滤波对随机产生的脉冲干扰有较好的效果，限幅后后续信号数据输出到其他滤波器中。

若三轴加速度传感器 N 时刻输出的加速度增量为 Δa_N

$$\Delta a_N = A_d - A_g \tag{2-81}$$

ρ 为限幅滤波器的限幅阈值

$$\rho = \Delta t \cdot \omega + \frac{1}{N-1}\sum_{n=1}^{N-1} \Delta a_N \tag{2-82}$$

式中，ω 代表钻具在时间段 Δt 内的平均转速；$\frac{1}{N-1}\sum_{n=1}^{N-1} \Delta a_N$ 表示之前 $N-1$ 个三轴加速度增量的均值。获得限幅滤波器的限幅阈值 ρ 后，对 Δa_N 进行限幅滤波，滤波后输出结果 Δg 为：

$$\begin{cases} \Delta g = \Delta a_N, & |\Delta a_N| < |\rho| \\ \Delta g = \rho, & |\Delta a_N| \geqslant |\rho| \end{cases} \tag{2-83}$$

动态测量过程中由于近钻头处恶劣振动环境以及传感器本身测量精度问题将会导致三轴加速度计测量数据中包含大量有色噪声，同时钻井液中混入铁磁性组分以及钻柱磁干扰导致随钻测斜仪磁通门的磁场测量环境遭到影响，从而三轴磁通门数据中包含磁干扰，由于磁通门线圈的制造误差以及内部的解调电路受到的干扰，导致磁通门量测噪声中具有复杂有色特征。

针对三轴加速度计和三轴磁通门中的有色噪声和磁干扰噪声，采用能够连续递推运算的无迹卡尔曼滤波算法(UKF)滤除。

以空间姿态测量过程中广泛应用的四元数形式表示旋转矩阵 T。四元数具体可表示为：

$$Q = q_0 + q_1 j_1 + q_2 j_2 + q_3 j_3 \tag{2-84}$$

式中，q_0、q_1、q_2、q_3 均为实数，j_1、j_2、j_3 为虚数单位。由于此表示形式与

笛卡儿直角坐标系相似，故三个虚数单位相当于直角坐标系中的单位向量。

$$q_0=\cos\left(\frac{\beta_3}{2}\right)\cos\left(\frac{\beta_2}{2}\right)\cos\left(\frac{\beta_1}{2}\right)+\sin\left(\frac{\beta_3}{2}\right)\sin\left(\frac{\beta_2}{2}\right)\sin\left(\frac{\beta_1}{2}\right)$$

$$q_1=\sin\left(\frac{\beta_3}{2}\right)\cos\left(\frac{\beta_2}{2}\right)\cos\left(\frac{\beta_1}{2}\right)-\sin\left(\frac{\beta_2}{2}\right)\cos\left(\frac{\beta_3}{2}\right)\sin\left(\frac{\beta_1}{2}\right)$$

$$q_2=\cos\left(\frac{\beta_3}{2}\right)\sin\left(\frac{\beta_2}{2}\right)\cos\left(\frac{\beta_1}{2}\right)+\cos\left(\frac{\beta_2}{2}\right)\sin\left(\frac{\beta_3}{2}\right)\sin\left(\frac{\beta_1}{2}\right)$$

$$q_3=\cos\left(\frac{\beta_3}{2}\right)\cos\left(\frac{\beta_2}{2}\right)\sin\left(\frac{\beta_1}{2}\right)-\sin\left(\frac{\beta_2}{2}\right)\sin\left(\frac{\beta_3}{2}\right)\cos\left(\frac{\beta_1}{2}\right) \tag{2-85}$$

其中 β_1，β_2，β_3 分别表示钻头第一、二、三次旋转与原 xyz 轴的夹角。因此旋转矩阵 T 可表示为：

$$T=\begin{bmatrix} q_0^2+q_1^2-q_2^2-q_3^2 & 2(q_1q_2+q_0q_3) & 2(q_1q_3+q_0q_2) \\ 2(q_1q_2+q_0q_3) & q_0^2-q_1^2+q_2^2+q_3^2 & 2(q_2q_3+q_0q_1) \\ 2(q_1q_3+q_0q_2) & 2(q_2q_3+q_0q_1) & q_0^2-q_1^2-q_2^2+q_3^2 \end{bmatrix} \tag{2-86}$$

若 t 时刻加速度计输出矩阵为 $a(t)$：

$$a(t)=\begin{bmatrix} a_x \\ a_y \\ a_z \end{bmatrix}=T(t)\cdot\begin{bmatrix} 0 \\ 0 \\ g \end{bmatrix} \tag{2-87}$$

式中，a_x、a_y、a_z 分别表示近钻头位置径向、切向、轴向方向的加速度输出数据 m/s^2，$T(t)$ 为矩阵 T 在 t 时刻的值，g 为重力加速度，m/s^2。

基于磁通门和加速度计的测量结果，建立非线性态数学模型，若 t 时刻的模型状态方程为 $\dot{Q}(t)$ 为

$$\dot{Q}(t)=A(t)Q(t)+n(t) \tag{2-88}$$

式中 $n(t)$ 为系统状态噪声，$A(t)$ 为状态转移矩阵，$Q(t)$ 为前一时刻的状态方程。

若采样 t 时刻三轴加速度计和三轴磁通门的测量输出矩阵分别为 $a(t)$ 和 $m(t)$。

$$a(t)=\begin{bmatrix} a_x \\ a_y \\ a_z \end{bmatrix} \qquad m(t)=\begin{bmatrix} m_x \\ m_y \\ m_z \end{bmatrix} \tag{2-89}$$

式中，a_x、a_y、a_z、m_x、m_y、m_z 分别表示三轴加速度计和三轴磁通门沿钻具径向 x 轴、切向 y 轴和轴向 z 轴方向的重力加速度分量和磁场强度分量。

观测方程为：

$$y(t)=[a(t)m(t)]T=H(Q(t))+v(t) \tag{2-90}$$

式中 H 函数为非线性函数，$y(t)$ 为 t 时刻的传感器测量向量，$v(t)$ 为 t 时刻限幅滤波后的测量噪声，分别对状态方程和测量方程进行离散化处理得：

$$\begin{cases} Q_{k+1}=Q_k(I+t_sA_k)+w_k \\ Z_{k+1}=H(Q_k)+v_k \end{cases} \tag{2-91}$$

式中，I 为单位矩阵，t_s 为采样周期，w_k 为高斯白噪声，v_k 为传感器测量现付滤波后的噪声，A_k 为第 k 步矩阵 A 的取值。假定 $k-1$ 步滤波后得到状态变量 $\hat{Q}_{k-1}$及协方差矩阵 $\hat{P}_{k-1}$，sigma 点选取为：

$$\begin{cases} X_0=\hat{Q}_{k-1} \\ X_{i,k-1}=\hat{Q}_{k-1}+\left(\sqrt{(n+1)\hat{P}_{k-1}}\right)_i i=1,\ 2,\ \cdots,\ n \\ X_{i,k-1}=\hat{Q}_{k-1}-\left(\sqrt{(n+1)\hat{P}_{k-1}}\right)_i i=n+1,\ n+2,\ \cdots,\ 2n \end{cases} \tag{2-92}$$

式中 n 为状态方程中状态变量个数，计算权值：

$$\begin{cases} \omega_0^m=\lambda/(n+\lambda) \\ \omega_i^c=\dfrac{\lambda}{n+\lambda}+(1-\tau^2+\gamma)i=1,\ 2,\ \cdots,\ 2n \\ \omega_i^m=1/2(n+\lambda)i=1,\ 2,\ \cdots,\ 2n \end{cases} \tag{2-93}$$

式中，ω_i^m、ω_i^c 分别为求一、二阶统计特性时的权系数，λ 为尺度参数，$\lambda=\tau^2(n+e)-n$；其中 $e=0$，$\gamma=2$，$\tau=0.001$。

计算时间的更新方程，通过状态方程将 sigma 点进行非线性传播：

$$Xa_i=(I+t_sA_{k-1})X_i,\ i=1,\ 2,\ \cdots,\ 2n \tag{2-94}$$

$$\bar{S}=\sum_{i=0}^{2n}\omega_i^cX_i^a,\ i=1,\ 2,\ \cdots,\ 2n \tag{2-95}$$

结合方差矩阵 P_{k-1}得到下一步预测协方差矩阵 $\bar{P}_{k,k-1}$：

$$\bar{P}_{k,\ k-1}=\sum_{i=0}^{2n}\omega_i^c\ (X_i^a-\bar{S}_i^a)^T+P_{k-1},\ i=1,\ 2,\ \cdots,\ 2n \tag{2-96}$$

计算观测更新方程：

$$\overline{P}_z = \sum_{i=0}^{2n} \omega_i^c (Y_i^a - Z)(Y_i^a - Z)^T \tag{2-97}$$

$$\overline{P}_{x,Z} = \sum_{i=0}^{2n} \omega_i^c (Y_i^a - \overline{S})(Y_i^a - Z)^T \tag{2-98}$$

式中，$Y_i^a = H(X_i^a)$，$Z = \sum_{i=0}^{2n} \omega_i^m Y_i^a$，$i = 1, 2, \cdots, 2n$.

滤波更新得到：

$$K_k = \overline{P}_{x,z}\overline{P}_z^{-1} \tag{2-99}$$

$$Q_k = \overline{S}K_k[\overline{Q}_k - Z] \tag{2-100}$$

$$P_k = \overline{P}_{k,k-1} - K_k \overline{P}_z K^T{}_k \tag{2-101}$$

式中，$\overline{Q}_k$ 为第 k 步传感器观测数据 Y_k 跟踪变换所得，得到第 k 步状态变量的滤波结果 Q_k，即为加速度计和磁通门数据的滤波结果。

为了继续验证上述基于 UKF 与相关提取的钻井井斜动态测量方法在井斜角动态测量过程中的效果，现利用北京六合公司提供的旋转振动测试系统作为实验平台，旋转振动测试系统由电磁式振动旋转测试台和操作控制系统组成。动态井斜测量系统由近钻头测量短节、传感器参数设置操作箱和信号接收处理装置组成，在实验中采用蓝牙无线数据传输方式模拟泥浆脉冲传输，蓝牙传输采样频率设置为 1Hz。将近钻头测量短节固定安装在实验平台上，测量短节中的井斜测量传感器包括 MEMS 三轴加速度计和 FGM3D 三轴磁通门。其中近钻头的重力加速度分量和磁场强度分量的测量方向分别为沿钻具的径向 X 轴方向、切向 Y 轴方向和轴向 Z 轴方向。实验中所用到的近钻头测量短节和旋转振动测试系统如图 2-18 和 2-19 所示。

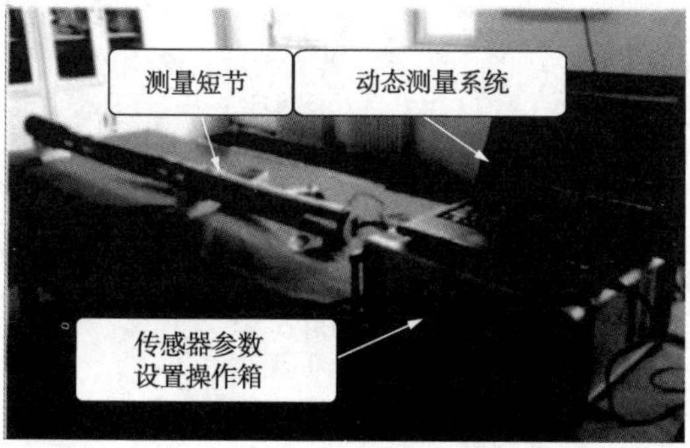

图 2-18　近钻头测量短节

图 2-19　旋转振动测试系统

实验过程中的实际井斜角设置为 30°，钻具转速为 150r/min，三轴加速度计和三轴磁通门的采样频率调整至 200Hz，试验中的参数设置与上文中仿真验证时的一致。实验中三轴加速度计和三轴磁通门的输出原始信号如图 2-20 所示，其中磁通门输出信号 m_x 已做归一化处理。

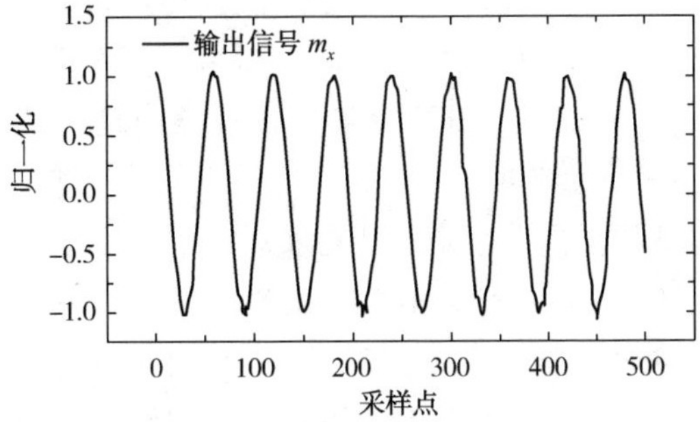

(a)

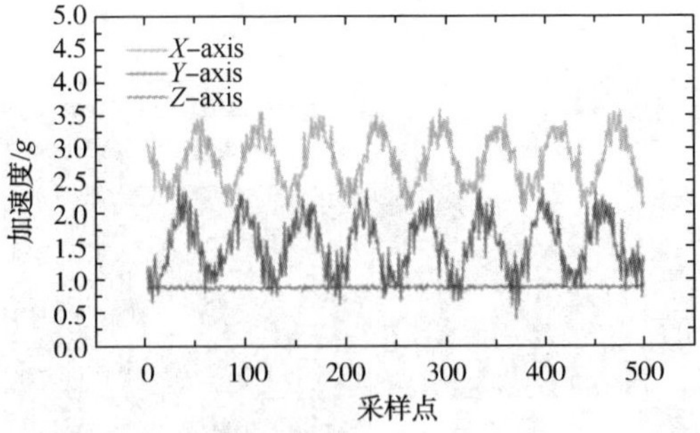

(b)

图 2-20　传感器原始输出信号

图 2-20 中(a)(b)分别为三轴磁通门和三轴加速度计输出的原始信号，因为测试环境中不存在磁干扰条件，所以图(a)中的噪声中只有内部电路噪声，实验测试中

的干扰噪声小于仿真测试中干扰噪声。受安装误差和转速的非均匀性等因素的影响，x、y 轴原始输出信号与仿真测试中原始信号的偏置和噪声幅度、方差均有变化。

采用上述方法提取出 x、y、z 轴方向的重力加速度分量，结果如图 2-21 所示，图 2-22 为井斜角和工具面角的计算结果。

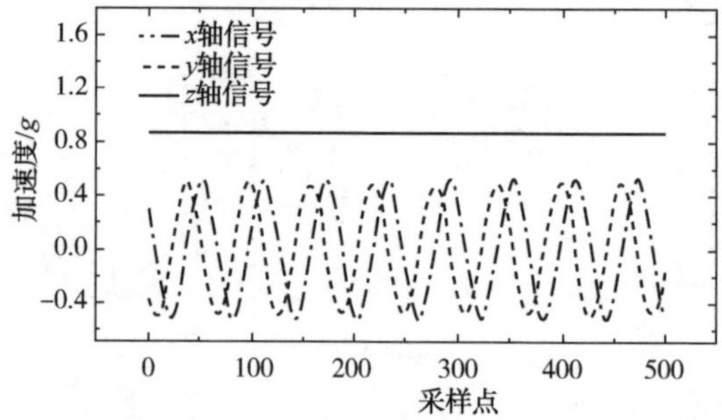

图 2-21　重力加速度提取结果

如图 2-21 和图 2-22 所示，通过基于无迹卡尔曼滤波的重力加速度相关提取结果可知加速度计 x、y 轴的重力加速度信号分量被有效提取出，x、y 轴的重力加速度信号呈周期信号且基本无噪声叠加，提取后的信号与理想 x、y 轴的重力加速度信号基本接近，z 轴重力加速度信号较仿真测试中结果更加平滑。提取的重力加速度结果所计算的井斜角最大误差为-0.08°且整体精度优于±0.1°，工具面角变化平滑。最终，实验测试结果与仿真测试结果一致。

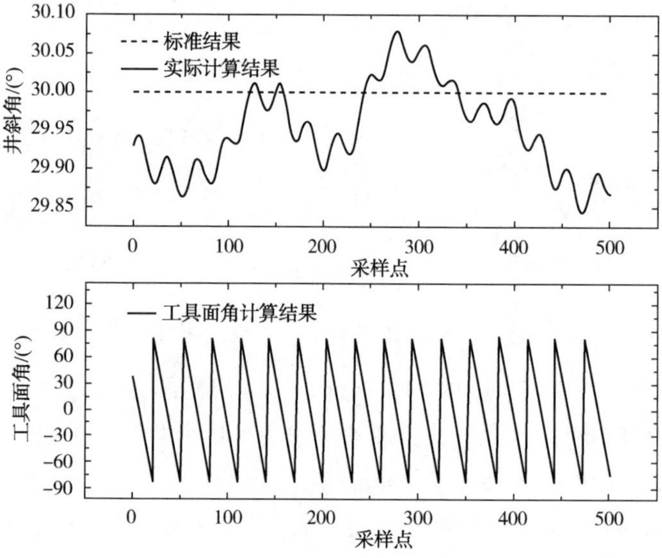

图 2-22　井斜角和工具面角计算结果

针对该方法是否适用于不同转速下重力加速度的提取，本文的附加实验中将调整井斜角至 10°、30°、45°和 60°位置，分别设置钻具转速至 60r/min、120r/min、200r/min 和 300r/min。模拟不同井斜角和钻具转速的工况参数，验证该种方法在不同井斜角和不同转速情况下的近钻头重力加速度分量提取精度和井斜角计算结果的稳定性，实验结果如图 2-23 所示。

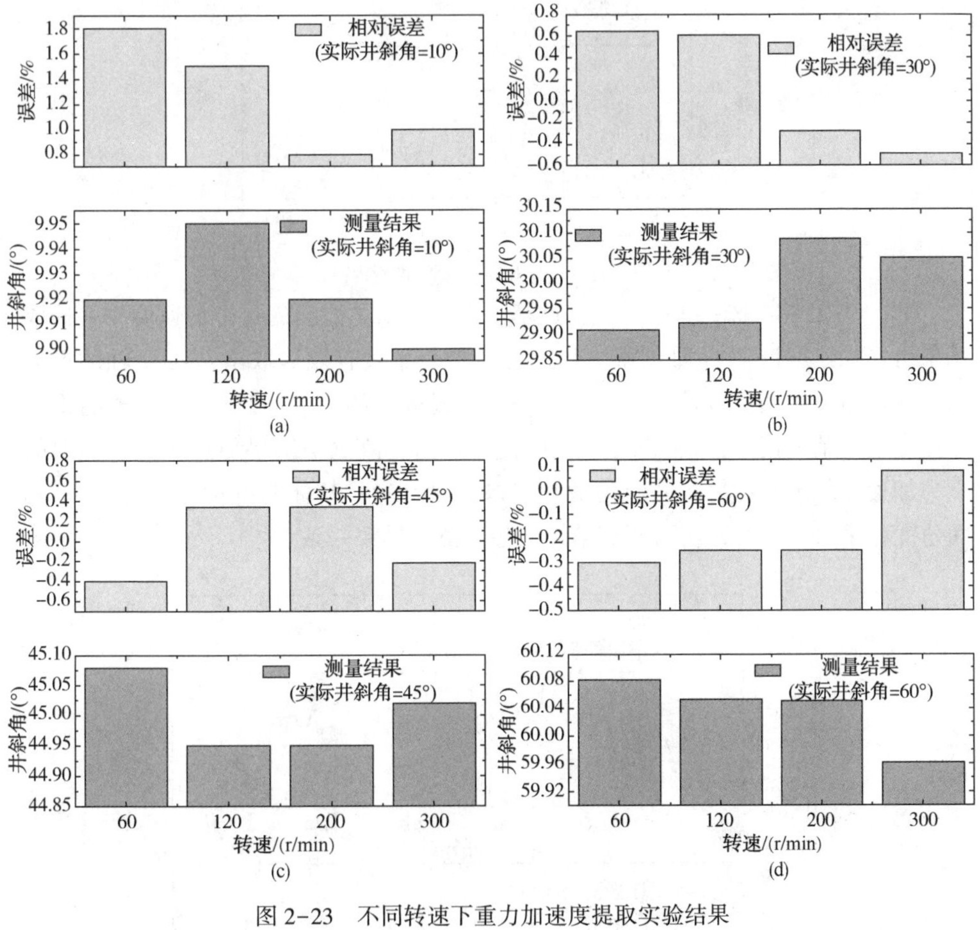

图 2-23　不同转速下重力加速度提取实验结果

如上图所示，图 2-23 中的(a)(b)(c)(d)四幅图分别为井斜角等于 10°、30°、45°、60°时不同转速下的动态测量结果与实际井斜角的相对误差，钻具转速和井斜角度对基于 UKF 与相关提取的钻井井斜动态测量方法的计算结果无影响，利用该方法计算井斜角精度优于±0.1°，最大误差为 0.09°，测量精度高适用于不同转速下的连续井斜角测量。

2.4.4 振动复杂干扰噪声抑制方法

通常，振动复杂干扰噪声都采用滤波的方法来抑制。

在钻进过程中，由于近钻头受到长时间复杂振动以及传感器自身传测量精度带来问题的影响，将会导致三轴加速度计和三轴陀螺仪包含大量的白噪声和有色噪声，针对这些噪声中具有高斯分布特征的部分，采用能够连续递推计算的无迹卡尔曼滤波进行滤除。

在实际钻进过程中，角速度模型中高阶二次项误差可忽略，计算时角速度误差项只需要按照一阶线性振动误差分析得到的误差模型来计算，而加速度计的误差项则需要按照高阶非线性振动误差分析得到的误差模型来计算，同时在得到分析结论后，需要将振动误差进行抑制。对此，对近钻头测斜仪 MEMS 惯性传感器陀螺角速度误差利用卡尔曼滤波(KF)进行抑制，因为卡尔曼滤波适合于处理线性问题，对近钻头测斜仪 MEMS 惯性传感器加速度计的加速度误差利用无迹卡尔曼滤波(UKF)进行抑制。

陀螺仪的线性误差模型由式(2-91)得出，加速度的非线性误差模型由式(2-102)得出：

$$\widetilde{\omega}_{ib}^{b}=\omega_{ib}^{b}+k_g+H_g\omega_{ib}^{b}+\varepsilon \tag{2-102}$$

$$\widetilde{a}_{ib}^{b}=a_{ib}^{b}+k_a+H_a a_{ib}^{b}+\tau+d_a(a_{ib}^{b})^T a_{ib}^{b} \tag{2-103}$$

$\widetilde{\omega}_{ib}^{b}=[\widetilde{\omega}_{ibx}^{b}\quad \widetilde{\omega}_{iby}^{b}\quad \widetilde{\omega}_{ibz}^{b}]^T$ 为陀螺仪原始输出，$\widetilde{a}_{ib}^{b}=[\widetilde{a}_{ibx}^{b}\quad \widetilde{a}_{iby}^{b}\quad \widetilde{a}_{ibz}^{b}]^T$ 为加速度计原始输出。$\omega_{ib}^{b}=[\omega_{ibx}^{b}\quad \omega_{iby}^{b}\quad \omega_{ibz}^{b}]^T$ 为陀螺仪的理想输出，$a_{ib}^{b}=[a_{ibx}^{b}\quad a_{iby}^{b}\quad a_{ibz}^{b}]^T$ 为加速度计的理想输出，$k_g=[k_{gx}\quad k_{gy}\quad k_{gz}]^T$ 为陀螺仪的偏移误差，$k_a=[k_{ax}\quad k_{ay}\quad k_{az}]^T$ 为加速度计的偏移误差。$\varepsilon=[\varepsilon_x\quad \varepsilon_y\quad \varepsilon_z]^T$ 为陀螺仪的随机误差，$\tau=[\tau_x\quad \tau_y\quad \tau_z]^T$ 为加速度计的随机误差，$d_a=[d_{ax}\quad d_{ay}\quad d_{az}]^T$ 为加速度计二次项误差，H_g 为陀螺仪的装置误差，H_a 为加速度计的装置误差。

1）利用卡尔曼滤波抑制陀螺振动误差

根据式(2-102)并考虑零点漂移误差、标度因子误差、安装误差、振动带来的随机误差，建立角速度状态变量：

$X_{KF}=[\Delta\theta\Delta\psi\Delta\phi k_{gx}k_{gy}k_{gz}H_g^{11}H_g^{21}H_g^{31}H_g^{12}H_g^{22}H_g^{32}H_g^{13}H_g^{23}H_g^{33}]^T$，$\Delta\theta$、$\Delta\psi$ 和 $\Delta\phi$ 是角度误差。选取的观察量为姿态角，即 $Z=[\theta\psi\phi]^T$，建立状态模型和观测模型：

$$X_{KF,k}=AX_{KF,k-1}+Bw_{KF,k} \tag{2-104}$$

$$Z_{KF,k}=H_{KF}X_{KF,k}+v_{KF,k} \tag{2-105}$$

式中，$X_{KF,k}$为状态向量。$Z_{KF,k}$为测量矩阵；$w_{KF,k}=[0_{1\times3}\quad \varepsilon_x\quad \varepsilon_y\quad \varepsilon_y\quad 0_{1\times9}]^T$为相当于系统误差的振动误差，$v_{KF,k}$为测量误差，$A=E[w_{KF,k}w_{KF,k}{}^T]$为状态转移矩阵，$B$为控制矩阵，$H_{KF}=[I_{3\times3}\quad 0_{3\times12}]$为观测矩阵。

对状态进行下一步预测：

$$\overline{X}_{KF,k|k-1}=A_{k|k-1}\overline{X}_{KF,k-1} \tag{2-106}$$

对状态协方差下一步预测：

$$P_{KF,k|k-1}=A_{k|k-1}P_{KF,k-1}A^T_{k|k-1}+B_{k|k-1}Q_{k-1}B^T_{k|k-1} \tag{2-107}$$

计算滤波增益：

$$K_k=P_{KF,k}H^T_{KF}(H_{KF}P^{-1}_{KF,k}H^T_{KF}+R^{-1}) \tag{2-108}$$

对下一步状态进行估计：

$$\overline{X}_{KF,k}=\overline{X}_{KF,k|k-1}+K_k(Z_{KF,k}-H_{KF}\overline{X}_{KF,k|k-1}) \tag{2-109}$$

计算状态估计协方差：

$$P_{KF,k}=(I_{KF}-K_kH_{KF}P^{-1}_{KF,k}) \tag{2-110}$$

式中，$X_{KF,k|k-1}$代表状态上一步预测向量，$P_{KF,k|k-1}$代表状态预测的协方差矩阵，K_k表示卡尔曼滤波增益，$\overline{X}_{KF,k}$代表状态估计向量，$P_{KF,k}$表示状态估计均方差，Q_{k-1}代表振动误差的协方差矩阵R是观测协方差矩阵，I_{KF}为单位矩阵。

2）利用无迹卡尔曼滤波抑制加速度计振动误差

根据式(2-103)并考虑零点漂移误差、标度因子误差、安装误差、振动带来的随机误差和二次项误差，建立加速度状态变量：

$$X_{UKF}=[\Delta a_x\Delta a_y\Delta a_z k_{ax}k_{ay}k_{az}H_a^{11}H_a^{21}H_a^{31}H_a^{22}H_a^{32}H_a^{13}H_a^{23}H_a^{33}\ d_{ax}d_{ay}d_{az}]^T$$

其中，Δa_x、$\Delta \mathrm{a}_y$ 和 $\Delta \mathrm{a}_z$ 为加速度误差，建立非线性状态模型和观测模型：

$$\overline{X}_{UKF}(t)=C(t)X_{UKF}(t)+n(t) \tag{2-111}$$

式中，$n(t)$为系统状态噪声，$C(t)=E[n(t)n(t)^T]$状态转移矩阵，$X_{UKF}(t)$为前一时刻的状态方程：

$$F(t)=H_{UKF}(X_{UKF}(t))+v_{UKF}(t) \tag{2-112}$$

式中，H_{UKF}为非线性函数，$F(t)$为t时刻的传感器测量向量，$v_{UKF}(t)$为传感器测量滤波后的噪声。

对状态方程和观测方程进行离散化：

$$X_{UKF,k+1}=X_{UKF,k}(I_{UKF}+t_sC_k)+w_{UKF,k} \tag{2-113}$$

$$Z_{UKF,k+1}=H_{UKF}(X_{UKF,k})+v_{UKF,k} \tag{2-114}$$

式中，I_{UKF}为单位矩阵，t_s 采样周期，$w_{UKF,k}=[0_{1\times3}\quad \tau_x\quad \tau_y\quad \tau_y\quad 0_{1\times9}]^T$ 为系统误差，$v_{UKF,k}$为传感器测量滤波后的噪声，C_k 为第 k 步矩阵 C 的取值 .

假定 $k-1$ 步滤波后得到状态变量 $\hat{X}_{UKF,k-1}$及协方差矩阵 $\hat{P}_{\mathrm{UKF,k-1}}$，*sigma* 点选取为：

$$r_{i,k-1}=\begin{cases}\hat{X}_{UKF,k-1} i=0\\ \hat{X}_{UKF,k-1}+(\sqrt{(n+1)\hat{P}_{UKF,k-1}})_i i=1,\ \cdots,\ n\\ \hat{X}_{UKF,k-1}-(\sqrt{(n+1)\hat{P}_{UKF,k-1}})_i i=n+1,\ \cdots,\ 2n\end{cases} \tag{2-115}$$

式中，n 为状态方程中状态变量个数。计算相应权值：

$$\omega_i=\begin{cases}b/(n+b) i=1\\ \dfrac{b}{n+b}+\left(1-\dfrac{b+n}{n}+b\right) i=2,\ \cdots,\ 2n\end{cases} \tag{2-116}$$

式中，ω_i 为求高阶统计特性时的权系数，b 为尺度参数。计算时间的更新方程：

$$r_i^a=(I+t_s C_{k-1})r_i,\ i=1,\ 2,\ \cdots,\ 2n \tag{2-117}$$

$$\overline{S}=\sum_{i=0}^{2n}\omega_i r_i^a,\ i=1,\ 2,\ \cdots,\ 2n \tag{2-118}$$

结合方差矩阵 P_{k-1}得到下一步预测协方差矩阵 $\overline{P}_{k,k-1}$：

$$\overline{P}_{UKF,\ k|k-1}=\sum_{i=0}^{2n}\omega_i(r_i^a-\overline{S}_i^a)^T+P_{UKF,\ k-1},\ i=1,\ 2,\ \cdots,\ 2n \tag{2-119}$$

计算观测更新方程：

$$\overline{P}_{UKF,\ Z}=\sum_{i=0}^{2n}\omega_i(Y_{UKF,\ i}^a-Z_{UKF})(Y_{UKF,\ i}^a-Z_{UKF})^T \tag{2-120}$$

$$\overline{P}_{UKF,\ X|Z}=\sum_{i=0}^{2n}\omega_i(Y_{UKF,\ i}^a-\overline{S})(Y_{UKF,\ i}^a-Z_{UKF})^T \tag{2-121}$$

式中，$Y_{UKF,i}^a=H(r_i^a)$，$Z_{UKF}=\sum_{i=0}^{2n}b/(n+b)X_{UKF,\ i}^a$，$i=1,\ 2,\ \cdots,\ 2n.$

滤波更新得到：

$$K_k=\overline{P}_{UKF,X|Z}\overline{P}_{UKF,Z}^{-1} \tag{2-122}$$

$$X_{UKF,k}=\overline{S}K_k[\overline{X}_{UKF,k}-Z_{UKF}] \tag{2-123}$$

$$P_{UKF,k}=\overline{P}_{UKF,k|k-1}-K_k\overline{P}_{UKF,Z}K_k^T \tag{2-124}$$

式中，$\overline{X}_{UKF,k_k}$为第 k 步传感器观测数据 $Y_{UKF,k}$跟踪变换所得，得到第 k 步状态变量的滤波结果 $X_{UKF,k}$，即为加速度计的滤波结果。

以上则是根据近钻头测斜仪 MEMS 惯性传感器在振动影响下主要影响的陀螺和加速度计的振动误差抑制模型和抑制步骤建立的。

2.5 井下数据传输技术

2.5.1 井下数据传输技术分类

现有无线随钻数据传输技术有钻井液脉冲、电磁波与钻杆声波，分别利用了钻井液、大地和钻杆 3 种信道。其中钻井液脉冲技术应用最为普遍，电磁波次之，钻杆声波仍然处于现场测试与部分应用阶段。

2.5.2 井下泥浆脉冲传输技术

通过控制脉冲发生器的运动部件对钻井液产生节流作用，进而生成不同频率与幅度的水力脉冲，实现井下数据调制，由地面信宿完成压力脉冲信号的检测、解调与解码功能。钻井液脉冲器分为正脉冲、负脉冲和连续波脉冲 3 种，其中负脉冲发生器对井壁的冲刷作用较大，已经淘汰。国内的现役产品是正脉冲发生器，国外是正脉冲发生器和连续波脉冲器共用。由于机械传动产生的脉冲频率受到一定限制，信号传输速率相对较低，正脉冲发生器一般小于 2bit/s，连续波脉冲器为 1 ~10bit/s。目前国内研究重点是连续波脉冲器研制，国外已经转向连续波脉冲器转子结构优化、信号增强、高效简洁的数据调制等。三大国际著名的油气技术服务公司均拥有各自的连续波脉冲器，国内北京海蓝、普利门、中天启明等公司都成功地开发出正脉冲发生器。

2.5.3 井下连续波传输技术

在典型的连续波信号发生器及传输通道中由于汽笛的不断开闭而在其两侧形成压力差将这一压力差定义为 ΔP，即为连续波源信号；这一信号向汽笛前后两个方向传播初始大小均为 $1/2\Delta P$ 符号相反。文中定义“传输效率”为某一方向传输的声压与源声压 ΔP 之比。

汽笛处产生的连续波信号的一部分到达钻头处并发生反射。通常分析理论将钻头视为理想的固体声波反射面。由经典的声波反射理论可知，在理想情况下固体反射面处反射信号幅值不变、符号相同。因此反射信号向上传播越过信号源(汽笛)后，与原有向上传播信号叠加两个信号大小相等、符号相反，使得地面测得的信号幅度大幅度减小。在完全理想化的情况下，地面测得信号为 0。这一过程如图 2-24 所示。

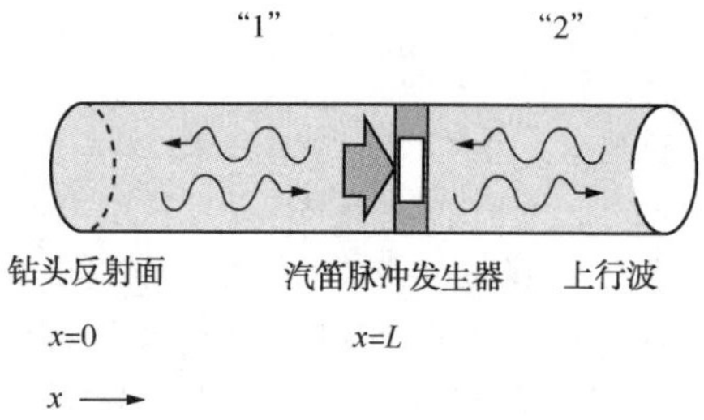

图 2-24 汽笛脉冲信号传输通道中反射与登加示意图

2.5.4 井下电磁波传输技术

电磁波从井下发射源向周围无限空间(大地)辐射，由固定在地表的天线探头接收井下发射的电磁波，实现随钻数据传输。地面和井下天线均为收发两用天线，可以实现双向通信。尽管电磁波通信在空气与真空中取得了巨大的成功，但受制于地层电阻(主要受地层含水率影响)对电磁波的衰减，只有低频电磁波能够应用于有限井深、特定区块与钻井工艺的随钻测量。如美国 APS 公司使用 2 ~ 12Hz 的电磁波进行数据传输，传输速率可以达到 12bit/s，应用于气体钻井、泡沫钻井以及欠平衡钻井过程。国内外目前的研究重点是信道特性、电磁波中继与信号处理技术等。三大油服公司均拥有各自的产品，俄罗斯的电磁波随钻数据传输技术处于国际领先地位，国内的相关研究尚未产业化。

2.5.5 智能钻杆传输技术

位于井下的声波换能器通过压电晶体或者磁致伸缩元件在钻杆中激发声波，该声波沿钻杆由井下向地面传播，位于地面立管上的加速度传感器检测该信号，然后进行解调解码，获得井下数据。国内外目前的研究重点是地面信号处理方法、信道特性、信号中继、换能器等。钻杆声波技术的优缺点都很明显，钻杆信道既不依赖于钻井液，也不依赖于地层，而且声波在钻杆中衰减较小，数据传输速率可达 10bit/s。但是钻杆是由 6 ~13m 长的中空钢管通过螺纹连接而成的，长度达到数千米。声波信号在钻杆接头处衰减严重、甚至发生波形畸变与波形转换，需要间隔 600 ~1000m 加装一个中继放大器来维持信号幅度，实际应用困难[13]。综上所述，现有无线随钻数据传输技术尚难以满足钻井工程技术需求。其中钻井液脉冲器获得了广泛应用，但数据传输速率太低；电磁波技术的应用条件受限；钻杆声波技术取得了初步成功，但遇到了钻杆接头处声波衰减与畸变难题。

参 考 文 献

[1] 许玛丽. 国内外随钻测量技术现状与展望[J]. 化工管理，2019(17)：109-110.

[2] 段尊. 井下随钻测量技术及发展方向探讨[J]. 科技创新导报，2014，11(07)：57.

[3] 薛晓卫. 随钻测量技术的发展现状和前景研究[J]. 化工管理，2022(18)：161-164.

[4] 翁波强. 关于井下随钻测斜仪误差校准方法及系统研究[J]. 中文科技期刊数据库(全文版)工程技术，2021，(1)：104-105.

[5] 魏风勇，康永华. 钻井井下工具操作手册[M]. 北京：中国石化出版社，2019.

[6] 付楚琪，郝春朝，赵琛. 振动环境下 MEMS 陀螺动态误差补偿方法[J]. 计算机工程与设计，2020.

[7] 张玉波. 随钻测斜仪中传感器补偿及信号处理技术研究[D]. 大庆石油学院，2007.

[8] 陈池，陈如江，沈珊，杨天笑，张曼杰. 海底管线清洗通球器追踪定位新技术[J]. 科技资讯，2013，11(16)：1-2.

[9] 杨海，冯选璋，单代伟，等. 基于 UKF 与互补滤波的随钻 IMU 井斜动态测量方法[J]. 中国惯性技术学报，2022，30(02)：141-147.

[10] 徐涛. 水平定向钻进随钻测量方法及定位技术研究[D]. 国防科学技术大学，2006.

[11] 张巍巍. 一种随钻仪器的测斜仪短节设计[J]. 西部探矿工程，2021，33(12)：31-32.

[12] 张倩，左锋，卢文科. 基于 DE 优化 BP 的压阻式压力传感器的温度补偿研究[J]. 测控技术，2018，37(12)：70-73+93. DOI：10. 19708/j. ckjs. 2018. 12. 016.

[13] 耿艳峰，贾梦之，郑重，闫宏亮，岳耀宾，李芳. 利用水声通信原理解决随钻数据传输问题[J]. 中国石油大学学报(自然科学版)，2020，44(01)：53-60.

3 井下工程参数随钻测量技术

3.1 井下工程参数随钻测量技术概述

井下工程参数随钻测量系统是监控钻井过程中井下工程参数的重要工具[1]。通过井下工程参数随钻测量系统，现场技术人员可以实时掌握井下钻压、扭矩、转速、振动和温度等工程参数，进而了解和分析井下工况。

井下工程参数的传统测量方法都是间接的，通过地面的测量仪器间接的推算出钻头附近的井下工程参数，在各种井下故障甚至事故发生后，经过大量的数据分析发现，间接的工程参数测量较实际有很大的差别。井下工程参数随钻测量系统安装在钻头和螺杆之间，可以直接地测量钻头附近的钻压、扭矩、转速、振动等工程参数，实时地为井上人员提供钻头处的井下工况，以便指导其下一步的钻井，更加真实并且准确地反映井下实际情况，及时发现和控制某些钻井事故，达到安全、高效钻井的目的，真正实现无风险钻井，另外，对仪器内存储的数据进行分析，还可以得到该区块内的地层情况。国外随钻测量系统不仅能够测量钻井过程中的定向数据、地层特性等参数，而且还能测量钻井工程参数，大大提高了钻井控制能力和地层评价能力，降低了钻井风险和钻井事故率。为此，有必要研发一套井下工程参数测量系统并安装在钻头附近，通过对近钻头工程参数的实时测量值进行分析处理，可以总结各测量参数对钻井进程与效率的影响规律，及时发现和控制某些钻井事故，达到安全、高效钻井的目的，真正实现无风险钻井[2]。

国外研究井下近钻头测量系统时间早于国内，而且发展速度很快，取得了较好的经济效益。以近钻头测量为特征的近钻头地质导向系统[3]是 21 世纪石油钻井领域的一项重大创新技术，美国、英国、澳大利亚、挪威等国家采用该技术完成的钻井数量逐步增多，钻井周期逐步缩短，钻井成本显著下降。

20 世纪 90 年代初，史密斯公司(Smith International)提出了近钻头测量概念并申请了专利，该方案主要包括近钻头传感器模块、控制模块 2 部分，2 个模块均包含一个内置环状天线的收发器。传感器模块位于动力钻具下方近钻头处，负责采集井下数据并将数据调制为电磁信号加载至发射天线，位于动力钻具上方的控制模块对该电磁信号进行接收解调，从而获取传感器采集的原始数据，通过随钻测量系统(MWD)再将数据传输至地表[4]。1993年，斯伦贝谢公司(Schlumberger)研发了一套无线传输系统，分别在钻头附近钻铤及上部钻铤安装了环状天线收发组件，用于收发近钻头数据，该系统没有将数据直接发给随钻测量系统，而是新增了一个声波收发装置将数据传输至地面。进入21世纪以来，大型油服公司也相继开发并完善了近钻头测量系统，贝克休斯公司(Baker Hughes)、斯伦贝谢、哈利伯顿(Halliburton)为主要技术拥有公司，生产8种产品约20个系列，可测量参数30多项，基本上能够满足各种井型的需要，但是对外仅提供技术服务，不出售测量设备，且服务价格十分昂贵。其中代表性的测量系统有[5]：

(1) 贝克休斯公司(Baker Hughes)的NaviGator系统，测井仪器位于钻头后1~4m，可以测量井斜、电阻率、方位、伽马射线等参数。

(2) 斯伦贝谢公司的EcoScope多功能随钻测量系统，可以测量多种近钻头参数，主要包括伽马射线、电阻率、密度、孔隙度、环空压力、井径、振动等参数。

(3) 哈利伯顿公司(Halliburton)的ABI系统，可测量近钻头处的井斜、伽马、电阻率等参数。

(4) APS公司将方位伽马测量功能集成到LWD上，利用具备成像功能的传感器使LWD具备更准确的地质导向能力。除钻柱参数和地质参数外，该工具将井眼细分为24个扇区，可对每个扇区进行单独数据采集，进一步提高随钻测量的针对性。

与国外相比，国内在近钻头测量系统方面的研究起步较晚，目前尚无成熟的产品使用。1994年，中国石油勘探开发研究院对该技术开展了技术探索与储备工作，1999年进行技术攻关研制出一套带近钻头传感器的地质导向钻井系统CGDS-1，该系统可以测量井斜、电阻率、伽马等参数，总体达到了国外20世纪90年代的水平[6]。2007-2010年，大庆钻探工程公司钻井工程技术研究院成功研制的DQNBMS-1近钻头地质导向测井系统，具有多参数测量、测点距离近(部分参数小于1m)、测量精度高等特点，显著提高了油层砂岩钻遇率，为水平井尤其是薄差油层水平井开发提供了技术保障[7]。2012年，胜利伟业石油工程技术服务有限公司研制成功了MWD近钻头无线地质导向系统，测量仪器距离钻头 2. 8m，采集的数据经过调制后通过无线电磁波方式传输给螺杆钻具上部的无线短传接收系统，解调后即可获得近钻头数据参数。2012-2014 年，长城钻探工程公司在已有随钻测井系统（LWD）基础上成功研制了 GW-NB 近钻头地质导向系统，仪器总长度仅 1m，直接与钻头连接，仪器测量零长仅为 0. 5m，这种设计大大降低了仪器维修成本和缩短了仪器维保时间。近年来，北京六合伟业与西部钻探工程院共同开发了XZ-NBMS型随钻近钻头测量系统，近钻头测量参数有井斜和动态方位伽马成像，采用电磁波无线短传系统，测量精度高、传输稳定。仪器外径目前有 ϕ172mm、ϕ133. 4mm、ϕ105mm 等规格，针对小型化应用需求，目前正致力于小口径测量系统的研发[8]。2019 年，渤海钻探定向井公司自主研发 BH-NWD 近钻头方位伽马测量系统，与传统伽马测量仪相比零长短，不仅能更早探测到地层岩性的变化，并且具有上伽马和下伽马 2 条伽马曲线，水平井储层钻遇率均达到 93%以上，目前已在华北油田、山西煤层气田、四川页岩气田等多个油气田成功完成 20 余口水平井的随钻地质导向测量作业[9]。近年来，中国石油大学、东北石油大学、山东大学、中国地质大学等高校也相继开展了近钻头测量与数据传输系统的研究，研究工作内容都是侧重系统模型的仿真分析及地面模拟实验，未能真正用于实际生产中，后续还需要对该系统进行深入研究。

3. 2 钻压、扭矩随钻测量技术

3. 2. 1 钻压随钻测量及解算方法

钻压的测量采用 0°、90°、180° 和 270°中共 8 个成 T 形布置的双羽应变片进行接桥，接桥方式如图 3-1 所示。在桥臂的 *AD* 端供电压，桥臂的 *BC* 端输出电压。根据输入和输出电压可以计算测量短节所受到的钻压（受拉为正电压）。

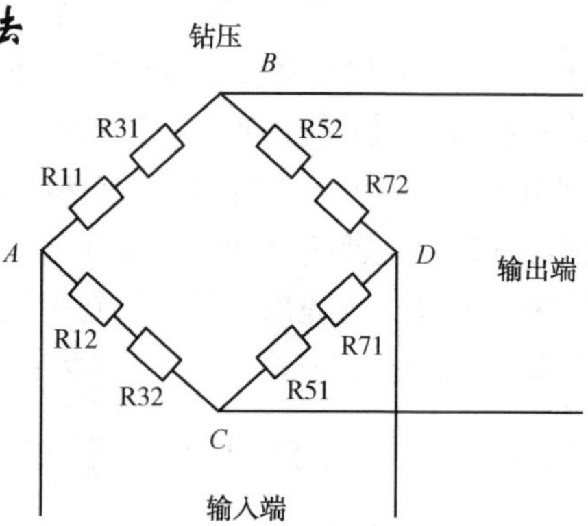

图 3-1 钻压应变片接桥

根据上述的电桥的输入和输出电压，可以得到钻压的计算公式为：

$$\varepsilon_P=\frac{U_{BC}}{U_{AD}}\frac{2}{K(1+\mu)}$$

$$\sigma=E\cdot\varepsilon_P \tag{3-1}$$

式中，U_{BC}为测量电桥输出电压(放大前电压)，实际测得的电压为经放大电路放大后的电压。172 型号放大电路放大倍数一般为 400~500，可先取，然后最终根据实验再进行修正；E 为材料的弹性模量，大小为 1.91×10^{11} Pa；μ 为材料的泊松比，大小为 0.28；K 为电阻灵敏度系数，根据应变片的说明书取值范围为 1.86~1.98，可先取，然后最终根据实验再进行修正；ε_P 为应变，无量纲，可以根据测量电路的输出电压计算得到；σ 为钻压引起的应力，单位为 Pa。

根据计算得到的应变换算得到，该变量也为最终的输出变量。

3.2.2 扭矩随钻测量及解算方法

钻压的测量采用 0°、90°、180°和 270°中共 8 个成 X 形布置的双羽应变片进行接桥，接桥方式如图 3-2 所示。在桥臂的 AC 端供电压，桥臂的 BD 端输出电压。根据输入和输出电压可以计算测量短节所受到的钻压。

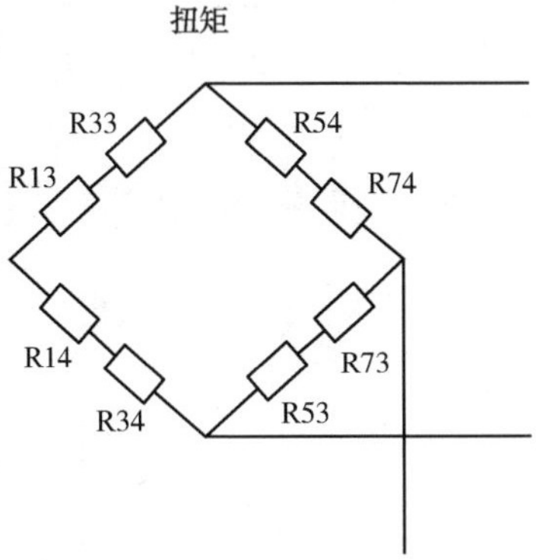

图 3-2 扭矩测量电桥

根据上述测量电桥，得到扭矩的计算模型：

$$\varepsilon_\Omega=\frac{1}{K}\frac{U_{BC}}{U_{AD}}$$

$$\Omega=\frac{W_N E\varepsilon_\Omega}{1+\mu} \tag{3-2}$$

式中，U_{BC}为测量电桥输出电压(放大前电压)，实际测得的电压为经放大电路放大后的电压，172 型号扭矩测量电桥放大电路放大倍数一般为 600~700，可先取，然后最终根据实验再进行修正；W_N 为材料的抗扭截面模量，根据 172 短接尺寸计算得到值为 $9.71706\times10^{-4}\text{m}^3$；$E$ 为材料的弹性模量，大小为 1.91×10^{11} Pa；μ 为材料的泊松比，大小为 0.28；K 为电阻灵敏度系数，根据应变片的说明书取值范围为 1.86~1.98，可先取，然后最终根据实验再进行修正；ε_Ω 为应变，无量纲；Ω 为扭矩，单位为 N·m，该参数也为钻压最终的输出参数。

3.2.3 钻压扭矩随钻测量贴片方法

总体设计图如图 3-3 所示。在短钻艇一圈开 4 个用于贴测量用应变片的孔，呈 90°间隔，总共开两圈共 8 个测量用的平底圆孔。

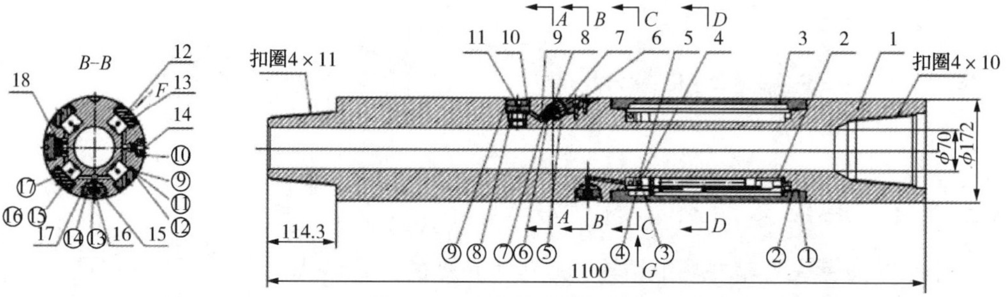

图 3-3 工程短节设计图

考虑孔的大小，每一个槽中粘贴两片双羽应变片。粘贴方式如图 3-4 所示，图中应变片的剖面线方向则表示应变片的敏感轴线方向。

图 3-4 测量控制应变片的粘贴

根据所采用的测量模型，对每一个测量孔中的应变片粘贴方向进行布置，具体每一个测量孔中的应变片粘贴方向如图 3-5 所示。

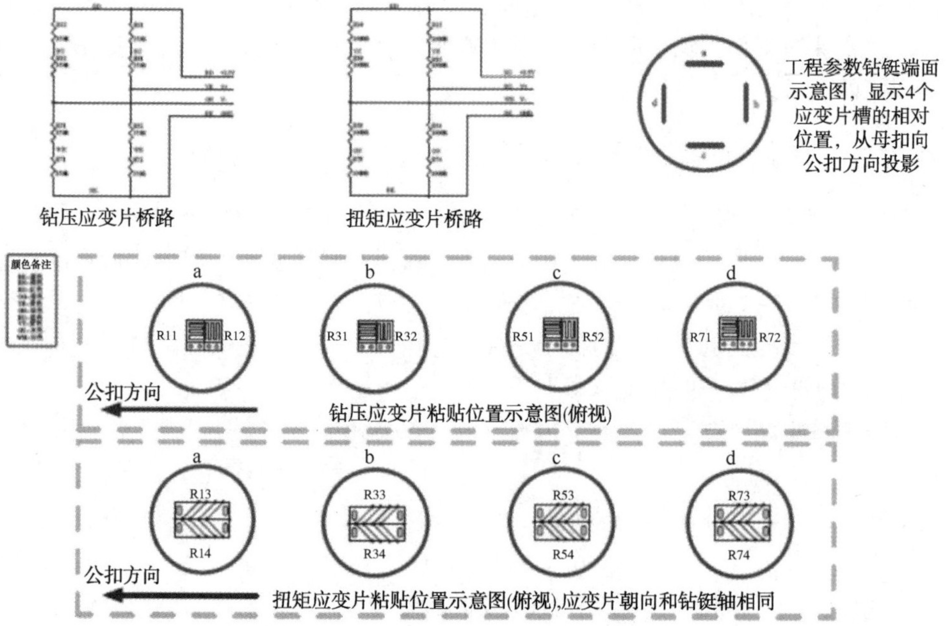

图 3-5 应变片粘贴方向详细布置图

3.3 弯矩随钻测量技术

3.3.1 钻铤弯矩表征特性分析

钻柱疲劳失效是井场中钻柱失效最为常见的一种形式，资料显示，约有60%以上的钻柱失效都属于钻柱疲劳失效。由于钻柱在井眼内进行旋转、钻进、起下钻等工作，受到复杂的交变应力，钻柱长期在这样的环境下工作便会出现“疲劳”的现象，会逐渐产生裂纹，甚至发生断裂这种更为严重的情况。

钻柱在旋转过程中不断受到拉力和压力的作用，如果钻柱表面已经产生裂纹，裂纹会由于拉力作用而打开，由于压力作用而关闭。在周而复始的循环交变应力的作用下钻柱裂纹会不断延伸，这种情况下钻柱极有可能因无法承受如此的交变应力而发生断裂。

当钻柱在造斜段工作时，由于井斜角和方位角变化较大，此时钻柱所受的弯曲应力就是一种交变应力。

近钻头处钻铤受到的弯矩作用由钻头切削和钻柱与井壁接触产生的侧向力以及沿钻柱轴向的摩擦力提供[10]。弯曲应变的大小与距离中心层的距离成正比的知识，快速换算得到钻铤所受到的最大弯曲应变，从而可以计算得到钻铤所受到的弯矩的大小。

3.3.2 弯矩随钻测量及解算方法

弯矩测量：利用另外一组0°和180°，以及90°和270°两组分别间隔180°的两个槽上的T形布置的应变片分别接成两个电桥进行弯矩测量。组成的弯矩测量电桥如图3-6、3-7所示。由于钻柱弯曲方向未知，因此图3-6、图3-7所示的两个电桥所测量得到的弯矩可能都不是最大弯矩(F1、F2所在面测量得到的是拉应变则U_{BC}为正，压应变为负)

单个弯矩电桥测量得到的弯矩大小的计算公式为：

$$\sigma=\frac{2EU_{BC}}{U_{AD}K(1+\mu)}$$

$$M=\sigma W \tag{3-3}$$

式中，U_{BC}为测量电桥输出电压(放大前电压)，实际测得的电压为经放大电路放大后的电压。172型号之前没有弯矩测量电桥，需要实验测得；W是抗弯截面模量，由 172 短接尺寸计算得到值为 $4.85853\times10^{-4}\,m^3$；$E$ 为材料的弹性模量，大小为 $1.91\times10^{11}\,Pa$；μ 为材料的泊松比，大小为 0.28；K 为电阻灵敏度系数，根据应变片的说明书取值范围为 1.86~1.98，可先取，然后最终根据实验再进行修正；σ 为应变，单位为 Pa；M 为弯矩，单位为 N · m。

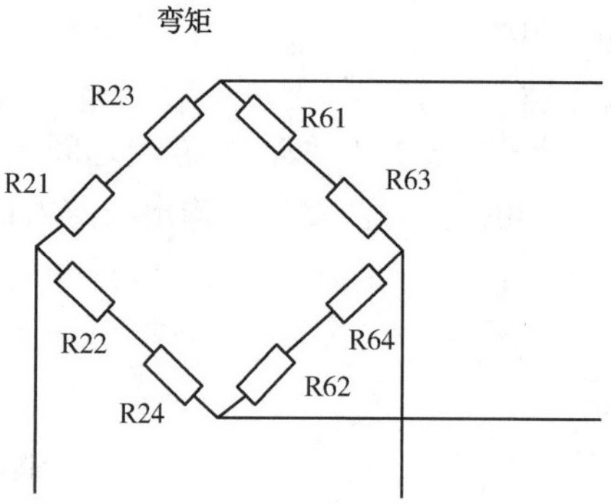

图 3-6　弯矩测量电桥 1(0°，180°)

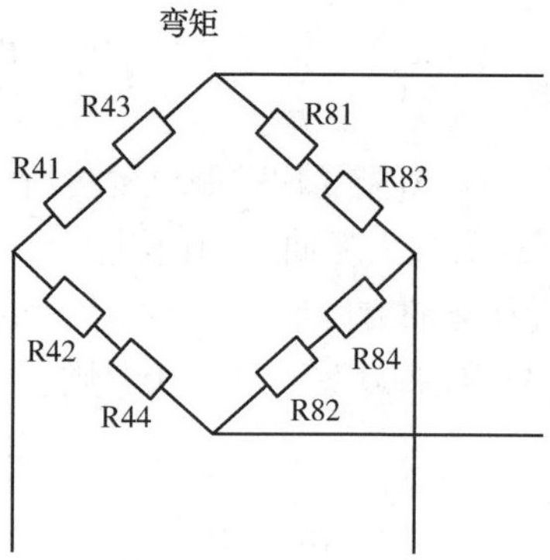

图 3-7　弯矩测量电桥 2(90°，270°)

上述公式中 θ 即为弯曲方向(最大拉应变方向)，最大弯矩大小为：

$$M_{max}=kR \tag{3-4}$$

设图 3-6、图 3-7 所测量得到的弯矩分别为 $M_{\alpha=0°}$ 和 $M_{\beta=90°}$，最大弯曲发生的方向如图 3-8 中箭头所示。θ 为最大弯曲方向与 0°线(实际工装中的主控板对应的截面)所成的夹角。

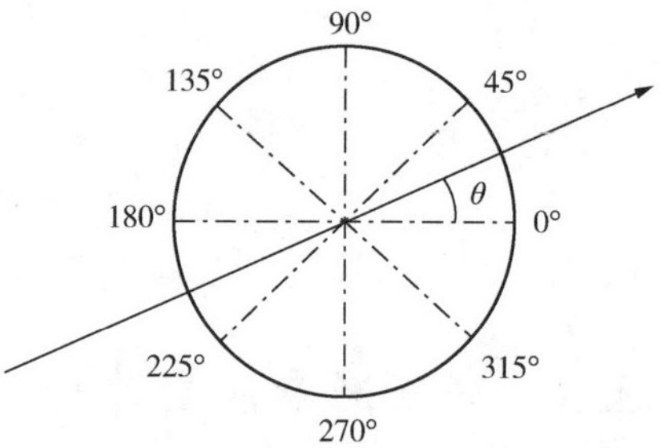

图 3-8　弯曲方向与应变片贴片表面夹角示意图

则最大弯矩以及弯曲方向的计算公式为：

(1) 如果 $M_0>0$，$M_{90}>0$，则：

$$\frac{M_0}{R\sin\alpha}=\frac{M_{90}}{R\cos\alpha}=k$$

$$\alpha=\arctan\frac{M_0}{M_{90}}$$

$$M_{max}=kR \tag{3-5}$$

式中，R 为应变片粘贴位置的所对应的半径，α 是 0°线与中性层之间的夹角，θ 为 0°线与最大弯曲方向(拉应变)之间的夹角。弯矩测量最终输出的即为最大弯矩 M_{max} 和弯曲方向 θ。

（2）如果 $M_0<0$，$M_{90}<0$，则：

$$\frac{-M_0}{R\sin\alpha}=\frac{-M_{90}}{R\cos\alpha}=k$$

$$\alpha=\arctan\frac{M_0}{M_{90}}$$

$$\theta=-\alpha+270°$$

$$M_{max}=kR \tag{3-6}$$

其中 R 为应变片粘贴位置的所对应的半径，α 是 0°线与中性层之间的夹角，θ 为 0°线与最大弯曲方向(拉应变)之间的夹角。弯矩测量最终输出的即为最大弯矩 M_{max} 和弯曲方向 θ。

（3）如果 $M_0>0$，$M_{90}<0$，则：

$$\frac{M_0}{R\sin\alpha}=\frac{-M_{90}}{R\cos\alpha}=k$$

$$\alpha=\arctan\frac{M_0}{-M_{90}}$$

$$\theta=\alpha+270° \tag{3-7}$$

（4）如果 $M_0<0$，$M_{90}>0$，则：

$$\frac{M_0}{R\sin\alpha}=\frac{M_{90}}{R\cos\alpha}=k$$

$$\alpha=\arctan\frac{-M_0}{M_{90}}$$

$$\theta=\alpha+90° \tag{3-8}$$

3.3.3 弯矩测量应变片贴片方法

用于测量弯矩一共需要用到 4 个测量槽，每个测量槽的大小为直径 30mm，每个槽间隔 90°布置，具体布置位置如图 3-9 所示。其中，F1、F2、F3、F4 绕钻铤圆周方向间隔 90°，F1 对应于主控板槽开口方向。

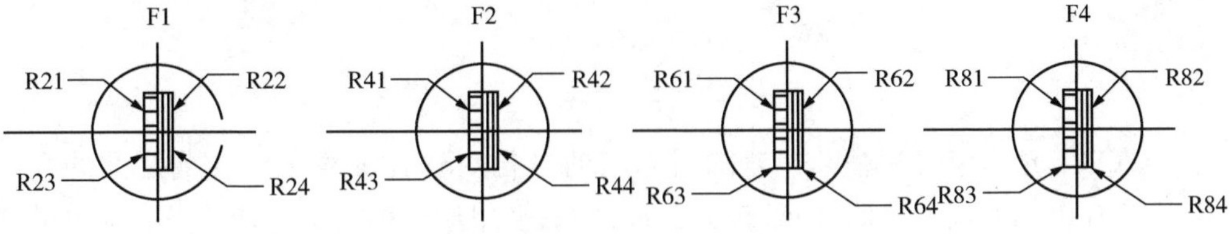

图 3-9　电桥总体安装方式

3.4 钻具三轴振动随钻测量技术

3.4.1 钻具三轴振动解算方法

震动测量采用两个三轴加速度传感器，因此需要增开一个用于安装加速度传感器的槽，如图 3-10 所示。在周向布置两个三轴加速度传感器，对于上面这个加速度传感器 z 轴垂直纸面向外，对于下方的 z 轴垂直纸面向里。以上面的传感器为 1，下方的为 2，上方三轴测得的分别是 a_{x1}、a_{y1}、a_{z1}，下面的测得的分别为 a_{x2}、a_{y2}、a_{z2}。

纵向振动加速度：

$$a_Z = A_{21}(\mathrm{m/s^2}) \tag{3-9}$$

横向振动加速度方向（与 x 轴夹角）：

$$\theta = \arctan\left(\frac{a_{y1} - a_{y2}}{a_{x1} + a_{x2}}\right) \tag{3-10}$$

横向振动加速度大小：

$$a_\theta = \frac{(a_{x1} + a_{x2})}{2\cos\theta}$$

$$\theta = \tan^{-1}\left[\frac{A_{22} + A_{23}\times\cos 120° + A_{24}\times\cos 240°}{A_{22} + A_{23}\times\cos 120° + A_{24}\times\sin 240°}\right] \tag{3-11}$$

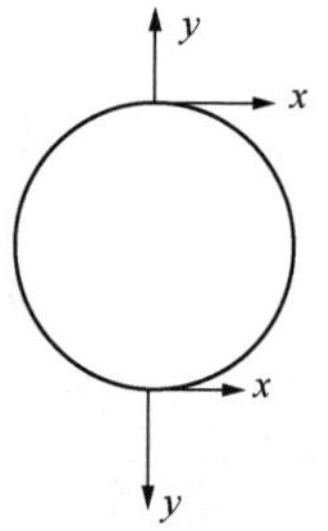

图 3-10　加速度传感器示意图

扭转振动加速度：

$$a_\theta = a_{x1} - a_{x2} \tag{3-12}$$

3.4.2 钻具三轴振动测量单元

基于振动的动力学和运动学特性，加速度传感器的 180°互补增强安装方法，率先实现了井下轴向、横向、粘滑振动实时测量，测量精度达到 1g，采样频率由 100Hz 提高到 1000Hz，彻底解决高频振动采集制约振动监测精度的技术难题。

3.5 井下内外环空温度、压力测量技术

3.5.1 井下内外环空温度压力随钻测量单元概述

井下内外环空温度随钻测量单元采用温度传感器测量井下内外环空温度，该

单元通过井下压力传感器对环空压力进行测量，利用数据处理器转换测量信号，然后从通讯端口经过环空将脉冲信号发送至地面。温度传感器实时采集井底内外环空温度信息，并将测量信息发送至井下数据处理器，由其进行数据的转换、储存等工作。温度传感器采用铂电阻测温原理，是高精度温度传感器。其包含一个带间隙温度铂电阻和分辨率，可以通过在配置寄存器设置一个位来更改分辨率。

随钻井底压力测量系统的井下数据采集、处理及发送单元主要由井底压力检测端口、压力传感器、井下数据处理单元以及通讯端口等组成，如图 3-11 所示。该单元通过井下压力传感器对环空压力进行测量，利用数据处理器转换测量信号，然后从通讯端口经过环空将泥浆脉冲信号发送到地面。

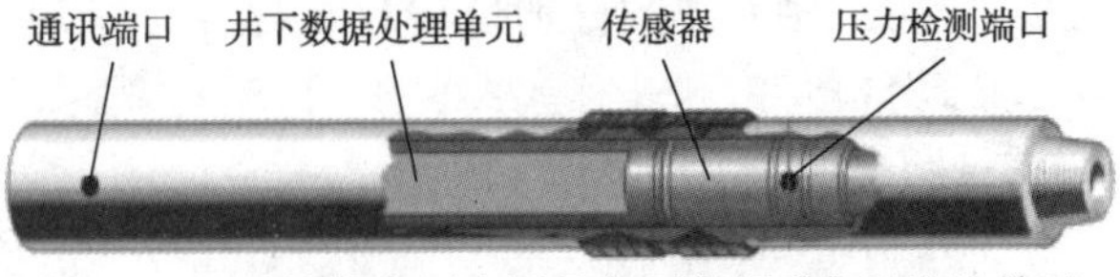

图 3-11　随钻井底压力测量井下数据采集及发送单元

压力传感器实时采集井底压力信息，并将测量信息发送至井下数据处理器，由其进行数据的转换、储存等工作，同时将信号传输给脉冲发生器。脉冲发生器则将其转换成泥浆脉冲信号。脉冲信号通过井筒传输到地面，地面接收装置再将脉冲信号转换成电信号发送至信号解码器，解码器输出井底压力数字信号给工作站，由工作站将压力数据传输至监测计算机，通过监测计算机完成数据的处理、存储及显示，从而实时了解井底状况。随钻井底压力测量系统工作原理如图 3-12 所示。井下环空压力测量的地面测试图如图 3-13 所示。

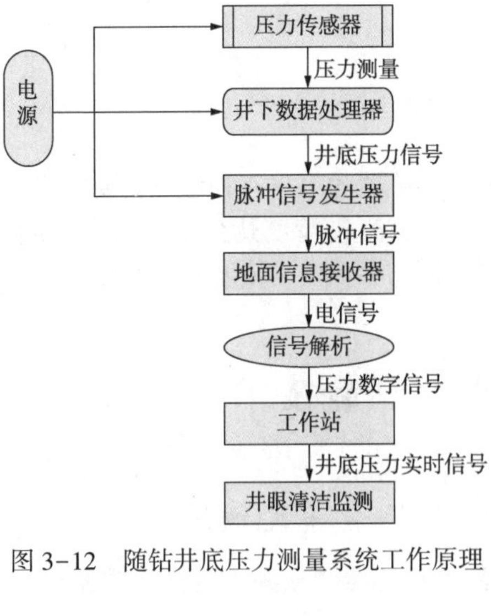

图 3-12　随钻井底压力测量系统工作原理

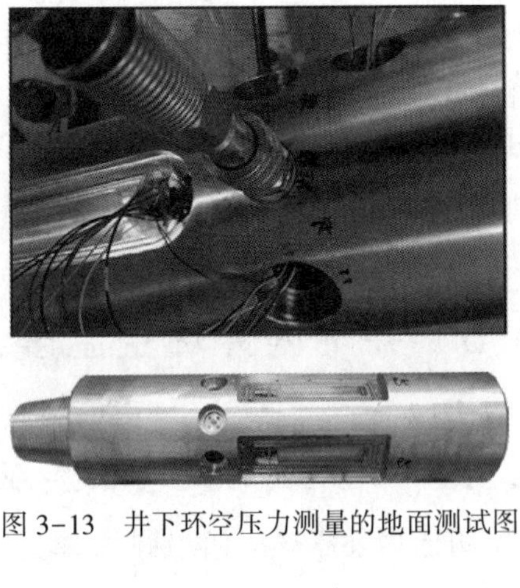

图 3-13　井下环空压力测量的地面测试图

3.5.2 井下内外环空温度随钻测量影响因素

钻井过程中如油井产量、生产时间以及产出液的物理和热学性质对环空温度升高都会对环空温度造成影响。

生立时间对于环空温度的影响有两方面：一方面，在开采初期，开采出的高温流体与环空温差较大，有利于热量传递至环空；随着油井的开采，环空温度逐步升高，采出液与环空温差逐渐变小直至趋于平衡，环空温度亦趋于稳定。另一方面，地层热阻会随着油井的开采而逐渐增大，即环空至地层的热量损失逐步降低。因此，环空温度升高在油井开采初期较为明显，在开采一段时间后，环空从高温流体所吸收的热量与环空传递至地层的热量损失达到近似平衡，环空温度趋于稳定。

油井产量是另一个影响环空温度变化的重要因素。油井产量主要通过两个方面影响环空温度，对流换热系数与参与热传递的可利用能量多少。地层流体在油管中的流动属于强迫对流换热，采出液与油管间的对流换热系数直接影响地层高温流体与环空之间的热量传递。对流换热系数与油井产量密切相关，基本呈正比关系，所以环空温度随着产量的提高而增高。另外，更高的油井产量意味着更多的地层流体可以参与到热传递中。因此，环空温度升高值随着产量的增加而增加。

地层流体的热物理性质，如传热系数，体积热熔等也会对环空温度的变化产生重要影响。以体积热容为例，体积热容为液体密度与体积之间的乘积，代表单位体积物质温度升高 1℃时所吸收的热量。石油、水以及天然气之间的体积热容存在较大差异。例如，石油的体积热容是天然气的上千倍之多。同时，开采出的地层流体往往不是单一组分的，而是石油、水以及天然气的混合物。因此，开采出的地层流体（石油或天然气）的体积热容可能从（50～4000）kJ/（m^3·℃）或更高。

3.5.3 井下内外环空压力随钻测量影响因素

井下内外环空压力一般与井深泥浆排量、泥浆密度、泥浆黏度、钻具尺寸、转速、偏心程度、环空温度等相关。井下环空压力主要由环空钻井液所产生的静液柱压力和环空压耗组成：

$$P_a = \text{环空静液柱压力} + \text{环空压耗} \tag{3-13}$$

温度是影响环空压力的重要因素。随着井深的增加，环空钻井液温度先升高后降低。

随着钻井液排量的增加，钻井液从层流变为紊流，接头处会产生很大的水力阻力，从而显著提高局部环空压耗，但由于接头长度较短，其对压耗的整体影响不显著。井越深，钻井液排量越大，接头的累计压耗也会越大，摩阻压耗计算时需要考虑接头的影响。

随着钻具旋转速度的增加，低钻井液排量下环空压耗降低，高钻井液排量下环空压耗增加；随着钻具旋转速度的增加，低钻井液排量下接头压耗变化并不明显，高钻井液排量下，接头压耗的增加与降低是惯性作用和剪切稀释效应共同作用的效果。

偏心程度以及钻井液的密度特性、黏度特性都会影响环空摩擦压耗，进而影响环空压力。

参 考 文 献

[1] 胡泽，赖欣，顾三春，等．基于 DSP 技术的钻井参数数据采集系统的设计[J]．西南石油学院学报，2006，(04)：94-96，106.

[2] 王旭东，陈平，张杰．井下钻井工程参数测量系统设计[J]．西南石油大学学报(自然科学版)，2010，32(05)：155-160，197.

[3] 王伟．CGDS172NB 近钻头地质导向钻井技术在江汉油田的应用[J]．钻采工艺，2011，34(5)：34-36，7.

[4] 张宁．近钻头数据无线电磁波短传输系统研究与设计[D]．济南：山东大学，2017.

[5] 张云．随钻测量数据的近钻头传输系统研究[D]．青岛：中国石油大学(华东)，2016.

[6] 苏义脑．地质导向钻井技术概况及其在我国的研究进展[J]．石油勘探与开发，2005(01)：92-95.

[7] 杨志坚，齐悦，吴党辉，等．DQNBMS-1 型近钻头随钻测量系统的研制与应用[J]．石油钻采工艺，2013，35(01)：48-50.

[8] 孙精明．新型近钻头随钻测量仪的研制[D]．沈阳：东北石油大学，2016.

[9] 胡斌，马鸿彦，黄秉亚，等．近钻头方位伽马随钻测量系统的研制与应用[J]．石油钻采工艺，2021，43(05)：613-618.

[10] 樊锐，谢赛．近钻头钻压、扭矩测量短节的结构参数设计[J]．石油机械，2010，38(07)：17-19，39，91.

4 井下随钻测斜仪误差校准和补偿

4.1 测斜仪的测量原理及误差影响因素分析

在钻井过程中，井斜和方位角是测井中不可缺少的信息。为了控制钻井方向，防止事故的发生，必须及时测量钻井偏差以便制定相应的措施。在定向钻进中，更需精准确定钻进方向。测斜仪便是用来检测井斜、方位等信息的仪器，一般由三个加速度传感器和三个磁通门传感器组成，两组传感器三个敏感轴两两正交[1][2]。其测量原理是以地球某点的重力场和地磁场作为参照基准，加速度传感器和磁通门传感器分别感应测量 X、Y、Z 三轴上的重力加速度分量和地磁场分量，根据磁通门和加速度计的输出信号确定井眼的井斜角、井斜相对方位角等所需的钻井参数，从而建立钻进过程中井眼轨迹控制的姿态基准[3]。

目前，我国石油工业现场已使用的随钻测斜仪有美国 Sperry-sun 公司制造的 SST、Eastman 公司制造的 DOT、Scientific Drilling Control 公司制造的 EYE 等[4]，其共同特点是均采用单芯钢丝铠装电缆作为信号通道，井斜数据使用加速度传感器测量，方位数据使用磁通门传感器测量，井下温度参数使用集成电路温度传感器测量。这些仪器都实现了井下钻具的实时监测，但这些仪器的结构和电子线路的布置各不相同，在使用中各有利弊。

4.1.1 安装误差

安装误差主要由传感器本身的敏感轴与测斜仪坐标系之间的失调角、测斜仪结构件的加工误差以及传感器在测斜仪上的安装误差等组成[5]。前面已经介绍在测斜仪上安装了相互正交的三个加速度计和三个磁通门，在测斜仪上安装有 T 形槽，加速度计与磁通门定向安装在 T 形槽内。如图 4-1 所示，以加速度计为例，画出了其在测斜仪上的安装误差，其中 X、Y、Z 为测斜仪坐标系，X'、Y'、Z'为三个敏感轴方向。

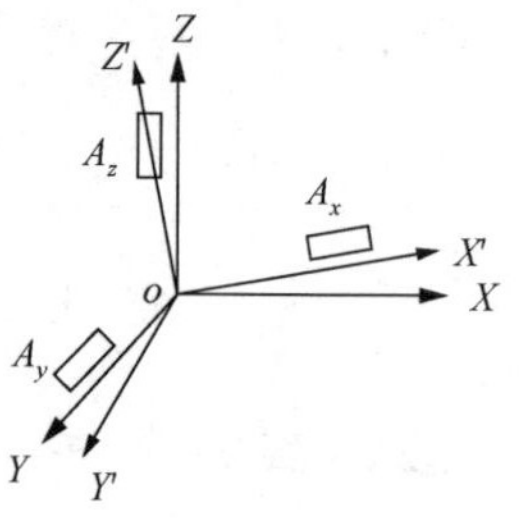

图 4-1 加速度计在测斜仪位置上的安装误差

以 X 轴方向加速度计为例，当敏感轴 X' 与 X 轴完全重合时，存在函数关系：

$$A_x = K_x G_x + b_x \tag{4-1}$$

式中，A_x 为 X 轴加速度计的输出；G_x 为 X 轴方向的重力加速度分量；K_x 为 X 轴加速度计的刻度因数；b_x 为 X 轴加速度计的零位误差。

但由于机械加工、安装技术等原因，使得敏感轴与测斜仪坐标系不完全重合，存在偏差，所以造成了安装误差的产生。

根据式(4-1)，则测斜仪上三个加速度计的数学模型为：

$$\begin{cases} A_x = K_x G_x + K_{xy} G_y + K_{xz} G_z + b_x \\ A_y = K_{yx} G_x + K_y G_y + K_{yz} G_z + b_y \\ A_z = K_{zx} G_x + K_{zy} G_y + K_z G_z + b_z \end{cases} \tag{4-2}$$

式中，A_x、A_y、A_z 表示 X、Y、Z 三轴加速度计的输出；G_x、G_y、G_z 为 X、Y、Z 轴方向的重力加速度分量；K_i 为加速度计的各项修正系数。

将式(4-2)写为矩阵形式为：

$$\begin{bmatrix} A_x \\ A_y \\ A_z \end{bmatrix} = \begin{bmatrix} K_x & K_{xy} & K_{xz} \\ K_{yx} & K_y & K_{yz} \\ K_{zx} & K_{zy} & K_z \end{bmatrix} \cdot \begin{bmatrix} G_x \\ G_y \\ G_z \end{bmatrix} + \begin{bmatrix} b_x \\ b_y \\ b_z \end{bmatrix} \tag{4-3}$$

同理，可以写出三个磁通门的数学模型：

$$\begin{cases} M_x = K'_x H_x + K'_{xy} H_y + K'_{xz} H_z + b'_x \\ M_y = K'_{yx} H_x + K'_y H_y + K'_{yz} H_z + b'_y \\ M_z = K'_{zx} H_x + K'_{zy} H_y + K'_z H_z + b'_z \end{cases} \tag{4-4}$$

式中，M_x、M_y、M_z 表示 X、Y、Z 三轴磁通门的输出；H_x、H_y、H_z 为 X、Y、Z 轴方向的地磁场分量；K_i 为磁通门的各项修正系数。

将式(4-4)写为矩阵形式为：

$$\begin{bmatrix} M_x \\ M_y \\ M_z \end{bmatrix} = \begin{bmatrix} K'_x & K'_{xy} & K'_{xz} \\ K'_{yx} & K'_y & K'_{yz} \\ K'_{zx} & K'_{zy} & K'_z \end{bmatrix} \cdot \begin{bmatrix} H_x \\ H_y \\ H_z \end{bmatrix} + \begin{bmatrix} b'_x \\ b'_y \\ b'_z \end{bmatrix} \tag{4-5}$$

4.1.2 温度漂移误差

加速度传感器与磁通门传感器作为敏感测量器件，其输出信号与温度呈良好的线性变化[6]。

加速度传感器的温度误差产生的主要原因有：

(1) 随着温度的升高，力矩器线圈变大，磁通量增加，从而使加速度传感器的非线性误差增加；

（2）由于石英挠性加速度计的热不平衡，使得机械臂发生细微的变形，从而引起信号零点漂移，改变零点偏差值；

（3）加速度计组件内部的温度梯度会改变空气的黏度，使加速度计的零点偏差略有变化。

磁通门传感器的温度误差产生的主要原因有：

（1）随着温度的升高，磁芯材料磁通将会发生微小变化，从而增大了磁通门传感器的非线性误差；

（2）磁通门传感器内部热不平衡有可能导致外磁和激磁饱和度发生微小改变[7]。

4.1.3 处理误差

这种误差包括两个内容：①由于传输和记录方法的缺陷引起的误差；②由于数据处理不完全引起的误差[8]。现在测斜仪基本上都是电子产品，采用高性能微处理器和 AD 转换器芯片，在程序控制下完成数据采集、存储和读取，减少了人为的参与，其精度主要取决于 AD 的位数。随着微电子技术的飞速发展，这种误差可以控制在很低的水平。

在信号传输方面，测斜仪有无线和有线两种传输方式。有线系统信号传输简单快速、误码率低；无线系统中的泥浆脉冲模式信息交换速度慢，收发系统设计复杂，为了降低误码率采用了多种误码检测方法。两种传输系统都将传输误差降低到可以忽略的水平。

4.1.4 传感器测量误差

这种误差主要是由于传感器本身精密加工的缺陷和原理上的缺陷造成的。钻井仪器恶劣的工作环境不仅考验着仪器本身的可靠性，还涉及与环境有关的各种误差。

4.2 误差校准理论模型研究

4.2.1 基于 RBF 网络的误差校准模型及仿真

人工神经网络[9]（Artificial Neural Network，ANN）是在模拟人脑行为和功能的基础上构建的一种新型的信息处理复杂网络系统。ANN 是一个分布式存储信息、并行和协同处理信息的网络结构，具有非线性映射逼近、较强的自我组织、自我适应和自我学习的能力。因此，在处理复杂问题时，尤其是当问题的内部定律难以了解且无法用精确的数学表达来描述时，或者需要许多因素和条件来处理时，神经网络可以发挥其优越性。同时神经网络在误差补偿方面显示出无与伦比的优势。下面将选择 RBF 网络进行建模仿真。

4.2.1.1 RBF 网络基础

(1) 径向基函数

在 1985 年，Powell 提出了使用径向基函数(Radical Basis Function，RBF)的方法以解决多元插值的问题[10]。径向基函数是一个实值函数，其值仅取决于距原点的距离或距任意一中心点的距离。满足该函数特性的任何函数都称为径向基函数，标准的一般使用欧氏距离(也叫作欧式径向基函数)，也可以使用其他距离函数。高斯函数是最常用的径向基函数[11]，其形式为：

$$\varphi_i(x)=\exp\left(-\frac{\|x-c_i\|^2}{2\sigma_i^2}\right),\ i=1,\ 2,\ \cdots \tag{4-6}$$

式中，x 为 n 维输入向量；c_i 为第 i 个基函数的中心点；σ_i 是第 i 个感知变量或宽度，σ 越小，径向基函数围绕中心点的宽度越小，基函数的选择性也就越强，它能够控制高斯函数的形状(即平滑度)；$\|x-c_i\|$表示向量 x 到每个基函数中心点的距离，随着距离的增大，$\varphi_i(x)$会迅速衰减到零。通常隐含层的中心与每个节点相对应，因此每个距离就是节点矩阵本身相对于本身每个点之间的距离。距离表示离节点越近，对节点输出的影响就越大。

采用高斯函数作为径向基函数，有以下优点：

① 形式简单，即使对于多变量输入也不增加太多的复杂性；

② 径向对称；

③ 光滑性好，任意阶导数均存在；

④ 解析性好，便于进行理论分析。

(2) 径向基网络

1988 年，Broomhead 和 Lowe 发表的论文初步探讨了 RBF 用于神经网络设计与应用于传统插值领域的不同特点，进而提出了一种三层结构的 RBF 神经网络，这是最早将 RBF 用于神经网络的设计之中[12]。之后在 1989 年，Moody 和 Darken 发表文章提出了一种含有局部响应特性的神经网络，即径向基函数神经网络结构(RBF)，同时还提出了 RBF 网络的训练方法[13]。

RBF 是一种三层前向神经网络，与多层前向神经网络类似，包括输入层、隐含层和输出层。其中，输入层由信号源结点组成；第二层为隐含层，根据所描述问题的需要来确定隐含层元素的数量，径向基函数是一个相对于中心点径向对称且衰减的非负线性局部响应函数，具体的局部响应体现在从可见层到隐含层的转换上，这与其他网络不同；第三层是输出层，它对输入模式的作用作出响应。输入层的作用只是传输信号，输入层和隐含层之间的连接可看作是权值为 1 的连接。由于输出层和隐含层执行不同的任务，从而其学习策略也各不相同。输出层的作用是调整线性权值，它所采用的学习策略是线性优化，优点是学习速度较快；而隐含层的作用是调整激活函数(格林函数、高斯函数)的参数，采用的学习策略是非线性优化，所以学习速度较慢。也就是说，从输入层空间到隐含层空间的变换是非线性的，而从隐含层空间到输出层空间变换是线性的。流程如图 4-2 所示。

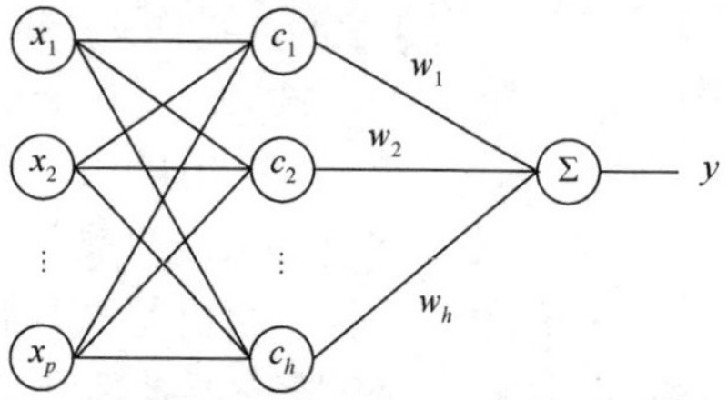

图 4-2　RBF 神经网络流程图

根据 RBF 网络结构的分析，构成 RBF 网络的基本思想[14-15]是：利用 RBF 作为隐含层单元的“基”，形成隐含层空间，使得输入向量可以直接映射到隐含层空间，而不需要权值连接。根据 Cover 定理，不能在低维空间中分割的数据更容易在高维空间中分割。也就是说，RBF 网络隐含层的作用就是通过非线性函数将低维空间的输入映射到一个高维空间，然后在这个高维空间中拟合曲线。这相当于在隐式高维空间中找到一个最适合训练数据的表面。这与普通的多层感知机(MLP)不同。在确定 RBF 中心点的同时，映射关系也就确定了。从隐含层空间到输出层空间的映射是线性的，即网络的输出是隐含层单元输出的线性加权和，这里的权值是网络的可调参数。其中，隐含层的作用是将矢量从低维度的 p 映射到高维度的 h，使低维线性不可分的情况变成高维线性可分，主要就是核函数的思想。因此，网络由输入到输出的映射是非线性的，而网络的输出对可调参数而言又是线性的。网络的权值可以用线性方程组直接求解，使得学习速度大大加快，并且避免了局部极小的问题。

RBF 网络的激活函数通常表示为：

$$R(x_p-c_i)=\exp\left(-\frac{1}{2\sigma^2}\|x_p-c_i\|^2\right) \tag{4-7}$$

式中，x_p表示第 p 个输入样本；c_i 表示第 i 个中心点。根据 RBF 网络的结构可以得到网络的输出为：

$$y_j = \sum_{i=1}^{h} w_{ij} \exp\left(-\frac{1}{2\sigma^2}\|x_p - c_i\|^2\right),\ j = 1,\ 2,\ \cdots,\ n \tag{4-8}$$

采用最小二乘的损失函数可表示为：

$$\sigma = \frac{1}{P}\sum_{j}^{m}\|d_j - y_i c_i\|^2 \tag{4-9}$$

(3) RBF 神经网络的学习算法

RBF 神经网络学习算法需要三个参数：径向基函数的中心 c_i、宽度 σ_i 以及隐含层到输出层的权值，最后完成输入到输出的映射。前面已经讲解了调整线性权值所采用的学习策略是线性优化，学习速度较快；而对于隐含层神经元的参数(中心、宽度)，采用的学习策略是非线性优化。RBF 网络实现从输入层空间到隐含层空间的非线性变换依赖于 RBF 中心的数目、位置以及作用域宽度，鉴于中心的选择对网络学习的重要性，所以很多算法及其改进的算法都是针对中心的选择的。RBF 网络的常用算法一般有[16]：

① 随机选取 RBF 中心(直接计算法)

首先从输入样本中随机地选取隐含层神经元的中心，然后将该中心固定下来，固定下来之后，隐含层神经元的输出就是已知的。因此，可以通过求解线性方程来确定神经网络的连接权值。该方法对于分布具有明显代表性的样本数据是一种简单适用的方法。

② 自组织学习选取 RBF 中心

RBF 神经网络的中心是随机选取的，可以任意变化，并能够通过自组织学习确定它的位置。而一般通过有监督地学习以确定输出层的线性权值。这种方法是重新分配神经网络资源，通过学习使得 RBF 的隐含层神经元中心位于输入层空间的重要区域。该方法主要是利用 K-means 聚类法来选择 RBF 的中心，是一种无监督学习方法，在模式识别中有广泛的应用。

③ 有监督学习选取 RBF 中心

在这种方法中，RBF 网络的中心以及其他权值参数都是通过训练样本集、有监督地学习得到的。常用的方法是梯度下降法，该方法与 BP 算法训练多层感知器的原理类似，都是通过最小化目标函数实现对各隐节点数据中心、宽度和输出权值的学习。

④ 正交最小二乘法选取 RBF 中心

Chen 等人提出正交最小二乘(Orthogoal least square，OLS)学习算法[17]，数据中心从输入样本中选取，OLS 的思想来源于线性回归模型。在 RBF 网络中一个固定的中心对应于线性回归模型的一个给定回归因子，所以 RBF 神经网络隐节点中心的选择可以看成模型子集选择的问题。OLS 算法可用于前向因子选择过程选出重要的回归因子。神经网络的输出实际上是隐含层神经元的一些响应参数(如回归因子等)和隐含层与输出层之间的连接权值的线性组合。隐层神经元的所有回归因子构成回归向量。学习过程主要是正交回归向量的过程。

4.2.1.2 误差校准模型理论分析

神经网络是一种比较常用的函数拟合器，在文献[18]中王丽艳等人提出将神经网络中的径向基函数作为井眼方位角的误差补偿，以建模数据中由井斜角和方位角组成的二维向量作为输入矢量，以井斜角和方位误差角组成的二维向量作为目标矢量进行训练并建模。为了获得最佳效果，通过多次训练来调整网络参数，得到了建模误差最小、效果最优的网络模型。

这一方法的优点是不需要对传感器进行数学建模，即不需要知道被拟合函数的形式，但是这种方法需要大量数据才能得到很好的精度，而泛化效果不一定好，因此，其缺点是泛化误差较大。本文在此基础上将 RBF 网络应用到了生成的模拟数据上，并以两种传感器(重力加速度和地磁场计)的输出作为 6 维输入，以倾斜角和方位角作为输出训练 RBF 网络。用 MATLAB 实现，只需要使用 newrbe 函数来设计严格的径向基网络，在代码中的格式为：

$$\text{net}=\text{newrbe}(P,\ T,\ \text{SPREAD})$$

用径向基函数网络逼近函数，newrbe 可迅速地设计一径向基网络，且在设计中误差为零。其中：P 为输入矢量；T 为目标矢量；SPREAD 为径向基函数的分布，省略时的值为 1。

4.2.1.3 MATLAB 仿真结果与误差分析

实验结果如图 4-3 所示：

倾角误差：均值为 2.09152°；标准差为 2.59812°；最小值为 0.04285°；最大值为 10.29631°。

方向角误差：均值为 56.33606°；标准差为 90.09415°；最小值为 1.02702°；最大值为 294.96762°。

可以看出来，RBF 做校正的误差并不理想，泛化误差很大。这里只用了 100 个数据训练网络，用了 25 个数据做测试。

4.2.2 基于加速度误差最小的倾角误差补偿

使用加速度计只能得到倾斜角，无法计算方位角，所以文献[19]中的方法只能用于计算校准倾斜角。在静态条件下加速度计输出矢量的模量与重力加速度的模量匹配，校准模型结合了每个轴的偏差、比例因子以及跨轴对称因子，通过非线性优化计算参数，并通过将 MEMS 产生的方向与运动捕捉系统测量的方向进行比较，对校准程序进行了定量测试。结果表明，经过校准程序后 MEMS 输出相对于使用工厂校准数据获得的输出要精确得多，而相对于使用传统校准模型所得到的输出要精确近一个数量级。

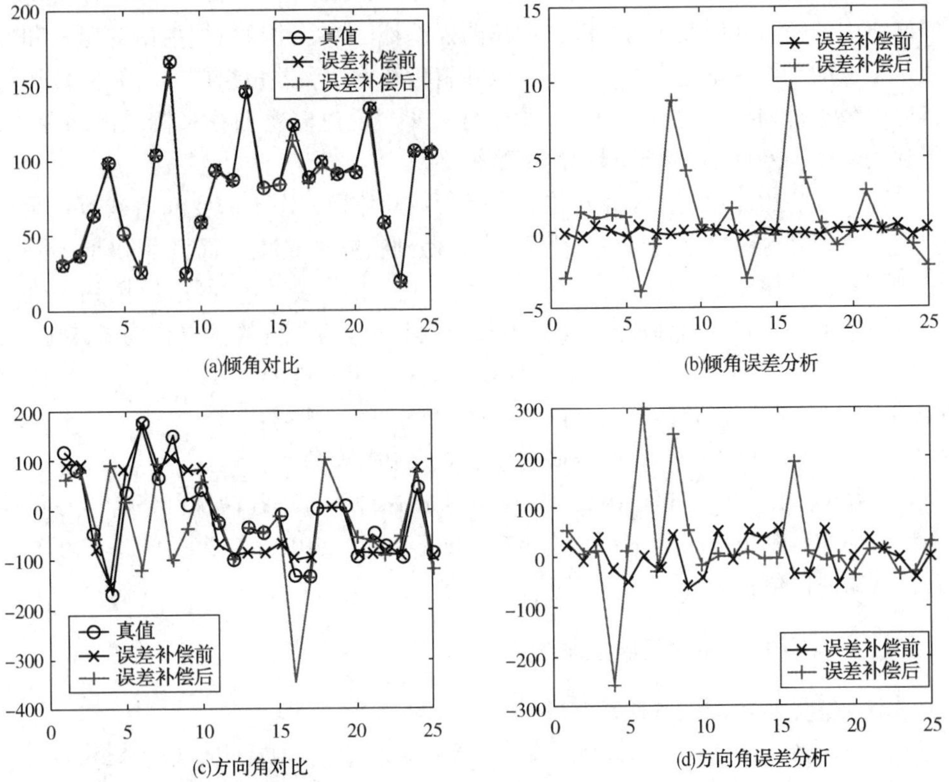

图 4-3　基于 RBF 神经网络的仿真结果

为了解决神经网络方法的泛化性能差的缺点，可以通过对测斜仪中传感器的安装位置进行数学建模，给出计算倾角的数学公式。误差补偿就变成数学模型中未知参数的求解。文献[19]中首先给出了由实际加速度计输出得到理想加速度计输出的线性模型(线性变换)，以理想加速度计输出应当等于以重力加速度为目标，将误差补偿转变为加速度误差最小化问题。利用校正后的理想加速度计算倾角。这一方法简单、计算速度快。但缺点是由于误差累积导致计算倾角的误差较大，并且需要在至少 9 个随机方向上测量加速度计的输出。

这个模型的基本思路是：

（1）假设测斜仪有一个坐标系表示为 $X-Y-Z$；

（2）三轴加速度计本身有一个坐标系表示为 $x-y-z$；

（3）加速度计安装在测斜仪上，理想情况下这两个坐标系应该是重合的，但是由于各种原因实际上是做不到的，因此需要对其进行校正。

所以，这个问题最终就是求坐标系变换矩阵。这一节只讨论倾角的校准。

4.2.2.1 加速度传感器模型

假设加速度计的输出为 V，而理想的加速度计输出应该为 A，建立一个坐标变换关系，即加速度计输出的数学模型以矩阵形式表示为：

$$A=S(V-O) \tag{4-10}$$

其中：

$$S=\begin{bmatrix} S_{xx} & S_{xy} & S_{xz} \\ S_{yx} & S_{yy} & S_{yz} \\ S_{zx} & S_{zy} & S_{zz} \end{bmatrix}, \qquad O=\begin{bmatrix} Q_x \\ Q_y \\ Q_z \end{bmatrix} \tag{4-11}$$

式中，S 表示比例因子矩阵，它的对角元素表示沿三个轴的比例因子，其他元素称为横轴因子，对于理想的加速度计，横轴因子都应等于零；O 表示偏差向量。这些都是未知的，也就是要求解的。

在代码中，用 y=minmul(x，s，o)语句实现了加速度计输出的数学模型，其中 y 对应于理想加速度计的输出 A，x 对应于实际加速度计的输出 V。

4.2.2.2 目标函数设计

校准基本思想是设计目标函数，以 S 和 O 为未知参数(变量)，使用最优化技术求出 S 和 O。文献[19]的目标函数就是遵循了一个事实，即理想的加速度计(静态条件下)输出的值应当等于当地的重力加速度值。

$$\sqrt{a_x^2+a_y^2+a_z^2}=g \tag{4-12}$$

为了计算模型参数，将加速度传感器放置在 N 个不同的随机方向上。对于每个方向，评估传感器的输出同时将其保持在严格的静态条件下，并定义一个加速度计输出误差e_k：

$$e_k=a_x^2+a_y^2+a_z^2-g^2=\sum_{i=x,\ y,\ z}\left\{\sum_{j=x,\ y,\ z}\left[S_{ij}\cdot(V_{j,\ k}-O_j)\right]^2\right\}-g^2 \tag{4-13}$$

式中，$V_{j,k}$是第 k 个方向的第 j 个输出。对于 N 个加速度计输出就有 N 个 e_k，优化的目标就是要让所有的 e_k 都最小，也就是要让累积误差 E 最小。

$$E = E(O_x,\ O_y,\ O_z,\ S_{xx},\ S_{yy},\ S_{zz},\ S_{xy},\ S_{xz},\ S_{yz}) = \frac{\sum_{k=1}^{N} e_k^2}{N} \tag{4-14}$$

使用拟牛顿法(Quasi-Newton Methods)就可以求解这个最优化问题。拟牛顿法对求解非线性优化问题是最有效的方法之一，其不需要二阶导数的信息，因此比牛顿法更为有效。

在代码中，调用[S，O]=calib_ 1(gd)就可以得到最优化的结果，即S和O。

4.2.2.3 MATLAB 仿真结果与误差分析

由 V 经过坐标变换得到 A 后，用 A 可以计算倾角，表示为 *tilt*，即 t = atan(sqrt(a_ x^2+a_ y^2)/a_ z)。在代码里，使用 gettilt(g)就可以计算倾角，g 就是加速度计的输出。计算出倾角后，可以与仿真数据中由真值计算的倾角做对比，实验结果如图 4-4 所示。

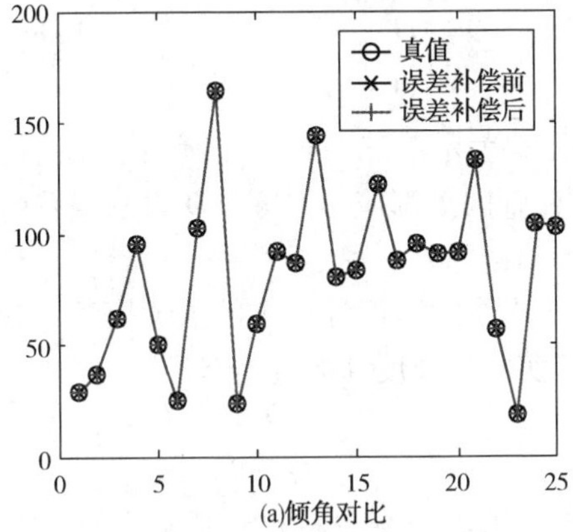

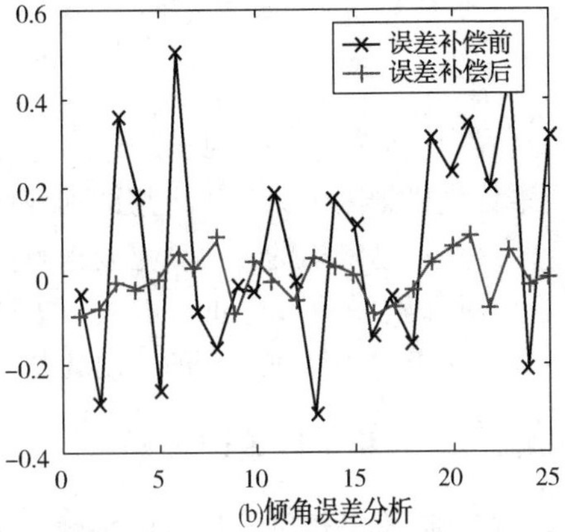

图 4-4 MATLAB 仿真结果

实验部分在[S，O]=calib_ 1(gd)中完成，同样采用 25 个数据做测试。校准运算后所求得的 S、O 为：

$$S=\begin{bmatrix} 9.8992 & 0.0249 & -0.0049 \\ 0.0249 & 9.9002 & -0.0347 \\ -0.0049 & -0.0347 & 9.8995 \end{bmatrix},\ O=\begin{bmatrix} 0.0101 \\ 0.0051 \\ 0.0020 \end{bmatrix} \tag{4-15}$$

倾角误差：均值为 0.04622°；标准差为 0.02999°；最小值为 0.00130°；最大值为 0.08916°。

从图 4-4 中以及误差数据可以看出，该方法补偿后的倾角误差很小，与 RBF 神经网络补偿后倾角的结果相比，此方法的精度已有很大提高，但该方法存在局限性，只是对倾角进行了补偿校准。

部分代码分析说明：

```
X=minmul(gd.read(:, sz1: end), S, O);    %由加速度计输出计算校准后的加速度值
Tt=gettilt(gd.real(:, sz1: end));          %用真值计算 tilt
Tu=gettilt(gd.read(:, sz1: end));          %用未校准的加速度值计算 tilt
Tc=gettilt(X);                             %用校准的加速度值计算 tilt
tilt_ err(Tt, X);                 %在 console 里输出误差的分析
hf=showtilt(1, Tt, Tu, Tc);    %画图，将 Tt, Tu, Tc 做对比
```

4.2.3 基于倾角和方位角误差最小的补偿方法

为了使倾角和方位角误差都最小，可以直接以倾角误差和方位角误差最小化为目标实现误差补偿。文献[20]在文献[19]的基础上，加入了地磁场计以得到方位角，其传感器模型与 4.2.2 节中提出的模型是等价的，但目标函数是直接计算倾角和方位角的误差。相比 4.2.2 节中提出的方法，用这种方法得到的倾角和方位角误差会更小。

4.2.3.1 加速度计与地磁场计模型

在文献[20]中测斜仪系统使用三个单轴微机电系统(MEMS)加速度计和三个单轴磁通门传感器，通过建立基本的三个敏感轴传感器模型，可以使用简单有效的线性模型直接对倾斜角和方位角进行校准。为了提高模型的准确性，使用两种不同的最优解以使系统误差最小化，并分别采用内反射牛顿法和序列二次规划算法以解决这些问题。其中加速度计的模型与 4.2.2 节中的模型是类似的，都是坐标变换问题。

如图 4-5(a)所示，在 XYZ 直角坐标系中，Z 轴与重力 g 方向相同，且 XOY 平面垂直于 g。在测斜仪内的 xyz 直角坐标系中，z 轴垂直于 xoy，三个加速度计 $A1$、$A2$ 和 $A3$ 应分别沿 xyz 坐标系的三个轴安装。然而在安装过程中加速度计的敏感轴通常与相应的方向不完全相同。我们将归一化的实际加速度计输出表示为 $G'=[g_{x'}, g_{y'}, g_{z'}]^T$，理想 xyz 坐标系中的加速度矢量表示为 $G=[g_x, g_y, g_z]^T$。以矩阵形式将加速度计输出描述为：

$$G=S(G'-O_g) \tag{4-16}$$

式中，S 为 3×3 的灵敏度矩阵，$O_g=[O_{gx}, O_{gy}, O_{gz}]^T$ 为偏移量。S 的对角线元素代表沿三个轴的比例因子，而 S 的其他元素称为横轴因子，理想情况下横轴因子等于零。

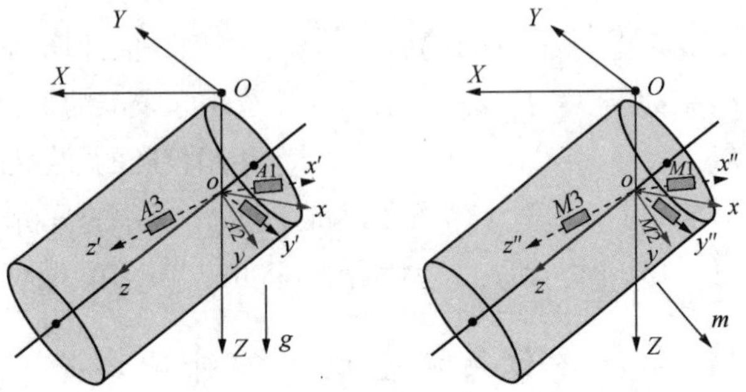

(a)重力模型　　(b)地磁模型

图 4-5　传感器模型

(a)重力场中的传感器模型，$A1$、$A2$、$A3$ 为 *MEMS* 加速度计，g 为重力矢量；

(b)地磁场中的传感器模型，$M1$、$M2$、$M3$ 为磁通门传感器，m 为地磁矢量

为了进一步确定 G 与 G' 之间的关系，将式(4-16)改写为：

$$G'=S^{-1}G+O_g \tag{4-17}$$

根据实际的物理意义我们可以得出以下结论：

$$g_{x'}=k_{gx}[\cos\varphi_{x'x}g_x+\cos\varphi_{x'y}g_y+\cos\varphi_{x'z}g_z]+Q_{gx} \tag{4-18}$$

$$g_{y'}=k_{gy}[\cos\varphi_{y'x}g_x+\cos\varphi_{y'y}g_y+\cos\varphi_{y'z}g_z]+Q_{gy} \tag{4-19}$$

$$g_{z'}=k_{gz}[\cos\varphi_{z'x}g_x+\cos\varphi_{z'y}g_y+\cos\varphi_{z'z}g_z]+Q_{gz} \tag{4-20}$$

式中，k_{gx}、k_{gy}、k_{gz} 为三个加速度计敏感轴的比例系数；φ 为三个加速度轴和三个加速度计敏感轴之间的角度；O_{gx}、O_{gy}、O_{gz} 为每个加速度计敏感轴的偏移量。我们可以看到，加速度计的每个实际输出都被分解为三个重力分量矢量的投影之和，然后将 $k(\cdot)+O$ 形式的线性误差加到该总和中。然后式(4-17)可以改写为：

$$G'=K_gG+O_g \tag{4-21}$$

式中：

$$K_g=\begin{bmatrix} k_{gx}\cos\varphi_{x'x} & k_{gx}\cos\varphi_{x'y} & k_{gx}\cos\varphi_{x'z} \\ k_{gy}\cos\varphi_{y'x} & k_{gy}\cos\varphi_{y'y} & k_{gy}\cos\varphi_{y'z} \\ k_{gz}\cos\varphi_{z'x} & k_{gz}\cos\varphi_{z'y} & k_{gz}\cos\varphi_{z'z} \end{bmatrix} \tag{4-22}$$

由于我们需要 xyz 坐标系中的正交加速度矢量以计算测斜仪的参数系统，因

此通过下式获取得到：

$$G=[g_x, g_y, g_z]^T=K_g^{-1}(G'-O_g) \tag{4-23}$$

从以上公式及过程可以看出本节传感器模型与4.2.2节中的模型相似，主要区别在于 K_g^{-1}，K_g^{-1} 由式(4-18)至式(4-20)得出，即将加速度计的每个实际输出分解为三个重力分量向量的投影之和，然后从传感器模型中推导出三个理想的正交重力分量。

如图4-5(b)，其模型与加速度计的模型是一样的，也是坐标变换问题，这里不再赘述。

$$M=[m_x, m_y, m_z]^T=K_m^{-1}(M''-O_m) \tag{4-24}$$

4.2.3.2 目标函数设计

倾斜角和方位角是判断倾斜仪准确位置并做出进一步工作决策的最重要参数。如图4-6所示，倾斜角是 z 轴与向下方向 g 形成的角度，当 z 轴向下时倾斜角为0°，而当 z 轴水平时倾斜角为90°。方位角是从磁北(从上方顺时针)到 z 轴在水平面上的投影所测得的角度。假设 $G=[g_x, g_y, g_z]^T$ 和 $M=[m_x, m_y, m_z]^T$ 分别是理想的正交加速度和磁矢量，则将倾斜角(T)[62]和方位角(A)[63]定义为：

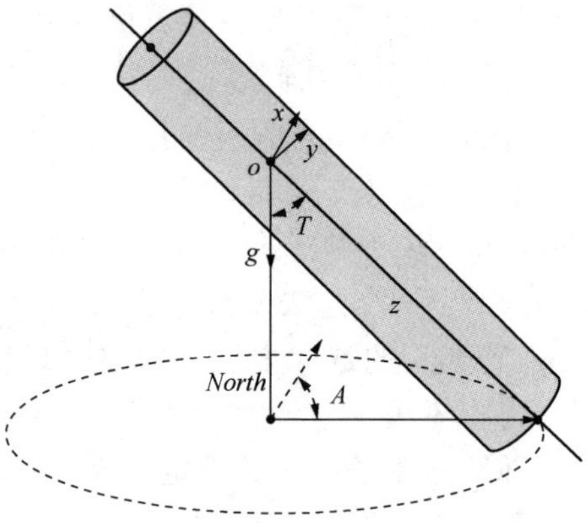

图4-6 倾斜角与方位角示意图

(T 表示倾斜角，A 表示方位角)

$$T=\arctan\frac{\sqrt{g_x^2+g_y^2}}{g_z} \tag{4-25}$$

$$A=\arctan\frac{(m_y g_x-m_x g_y)g}{m_z(g_x^2+g_y^2)-m_x g_x g_z-m_y g_y g_z} \tag{4-26}$$

通常，许多模型直接利用传感器的输出来校准传感器。文献[20]与4.2.2节中不同的其实是目标函数的设计，文献[20]中直接用倾角和方位角的误差最小化作为优化目标，并且对两种角都用了两种优化目标，一种是简单的最小二乘，另一种是最小化最大误差。

(1) 倾斜角

将仪器放置在倾斜度(0°，120°)的测量范围内的 N_t 个随机位置，并记录传感器输出 $g_{x'}$、$g_{y'}$、$g_{z'}$ 和实际倾斜角 T_0，同时将仪器保持在严格的静态条件下。

则将倾斜的误差定义为：

$$e_t = | T-T_0 | \tag{4-27}$$

其中 T 由式(4-25)计算，而 g_x、g_y 和 g_z 由式(4-23)获得。

两种优化目标为：

$$P_g(K_g, O_g) = \operatorname{argmin} \sum_{i=1}^{N_t} e_{t,i}^2 = \operatorname{argmin} \sum_{i=1}^{N_t} |T_i - T_{0,i}|^2 \tag{4-28}$$

$$P_g(K_g, O_g) = \operatorname{argmin}\begin{pmatrix} N_t \\ \max e_{t,i} \\ i=0 \end{pmatrix} = \operatorname{argmin}\begin{pmatrix} N_t \\ \max | T_i-T_{0,i} | \\ i=0 \end{pmatrix} \tag{4-29}$$

式中，T_i、$T_{0,i}$分别是计算出的和实际测量中的倾斜角。式(4-28)是一个典型的最小二乘优化问题，将其表示为方法Ⅰ，使用 Trust-Region-Reflective 算法以解决该问题，这是一种基于内部映射牛顿法的子空间置信域法[21]。最小化系统的最大误差是准确校准的关键。如果设备在大多数位置上表现优异，但在某些特殊姿势下却表现出意想不到的性能，则我们认为其不合格。因此，提出另一种方法来计算模型参数并将其表示为方法Ⅱ，如式(4-29)。使用一种典型的迭代方法，即序列二次规划(SQP)[22]算法来解决此问题。

(2) 方位角

类似地，将方位角误差定义为：

$$e_a = |A-A_0| \tag{4-30}$$

式中，A 由式(4-26)计算，m_x、m_y、m_z 由式(4-24)得到，A_0 是记录的实际方位角。同时，将设备放置在方位角(0°，360°)的测量范围内的 N_a 个随机位置(保持倾斜角大于 9°)，并记录传感器输出 $g_{x'}$、$g_{y'}$、$g_{z'}$、$m_{x''}$、$m_{y''}$、$m_{z''}$和实际方位角 A_0。两种优化目标为：

$$P_m(K_g, O_g, K_m, O_m) = \operatorname{argmin} \sum_{i=1}^{N_a} e_{a,i}^2 = \operatorname{argmin} \sum_{i=1}^{N_a} |A_i - A_{0,i}|^2 \tag{4-31}$$

$$P_m(K_g, O_g, K_m, O_m) = \operatorname{argmin}\begin{pmatrix} N_a \\ \max e_{a,i} \\ i=0 \end{pmatrix} = \operatorname{argmin}\begin{pmatrix} N_a \\ \max |A_i-A_{0,i}| \\ i=0 \end{pmatrix} \tag{4-32}$$

同样，分别使用内部映射牛顿法和序列二次规划法以解决这些问题。

4.2.3.3 MATLAB 仿真结果与误差分析

首先需要计算模型的参数，初始化所有参数，以加速度计和地磁场计的输出值、倾角和方位角的真实值作为输入，以 $P_g(K_g, O_g)$、$P_m(K_g, O_g, K_m, O_m)$这两个模型参数作为输出。然后以模型参数 $P_g(K_g, O_g)$ 作为输入，倾斜角作为输出，通过式(4-23)计算加速度矢量 $[g_x, g_y, g_z]^T$，最后根据式(4-25)计算倾角T；以模型参数 $P_m(K_g, O_g, K_m, O_m)$ 作为输入，方位角作为输出，分别通过式(4-23)和式(4-24)计算加速度矢量 $[g_x, g_y, g_z]^T$ 和磁矢量 $[m_x, m_y, m_z]^T$，最后根据式(4-26)计算方位角A。

对应的计算结果与仿真结果如下。

方法Ⅰ所求的 $P_g(K_g, O_g)$ 参数：

$$K_g=\begin{bmatrix}9.8031 & 0.0314 & -0.0016\\ 0.0314 & 9.7955 & -0.0445\\ -0.0016 & -0.0445 & 9.8040\end{bmatrix},\quad O_g=\begin{bmatrix}0.0098\\ 0.0053\\ 0.0021\end{bmatrix} \tag{4-33}$$

仿真结果如图4-7所示。

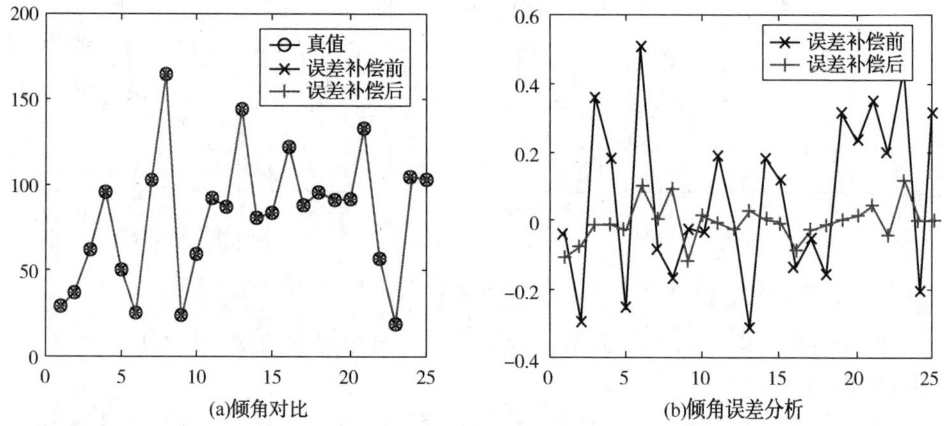

图4-7 方法Ⅰ所求 $P_g(K_g, O_g)$ 参数的仿真结果

倾角误差：均值为0.03927°；标准差为0.04025°；最小值为0.00090°；最大值为0.11921°。

方法Ⅰ所求的 $P_m(K_g, O_g, K_m, O_m)$ 参数：

$$K_g=\begin{bmatrix}14.8416 & 0.0389 & -0.0161\\ 0.0389 & 14.8381 & -0.0285\\ -0.0161 & -0.0285 & 9.9088\end{bmatrix},\quad O_g=\begin{bmatrix}0.0101\\ 0.0050\\ 0.0018\end{bmatrix} \tag{4-34}$$

$$K_m=\begin{bmatrix}0.8600 & 0.0020 & -0.0004\\ 0.0020 & 0.8601 & -0.0025\\ -0.0004 & -0.0025 & 0.5734\end{bmatrix},\quad O_m=\begin{bmatrix}0.1543\\ 0.0770\\ 0.0309\end{bmatrix} \tag{4-35}$$

仿真结果如图4-8所示：

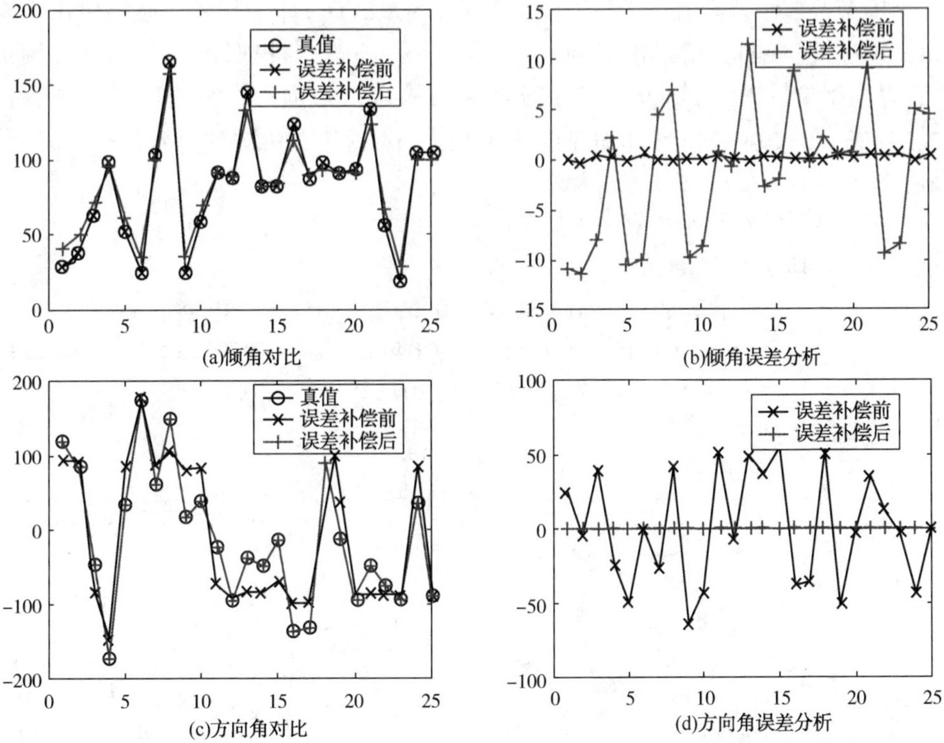

图 4-8　方法Ⅰ所求 $P_m(K_g,\ O_g,\ K_m,\ O_m)$ 参数的仿真结果

倾角误差：均值为 6.11278°；标准差为 4.13938°；最小值为 0.53819°；最大值为 11.51701°。

方向角误差：均值为 0.02861°；标准差为 0.01925°；最小值为 0.00303°；最大值为 0.06476°。

方法Ⅱ所求的 $P_g(K_g,\ O_g)$ 参数：

$$K_g=\begin{bmatrix}9.8090 & 0.0308 & -0.0073\\ 0.0308 & 9.7961 & -0.0361\\ -0.0073 & -0.0361 & 9.7948\end{bmatrix},\quad O_g=\begin{bmatrix}0.0102\\ 0.0051\\ 0.0021\end{bmatrix} \tag{4-36}$$

仿真结果如图 4-9 所示。

倾角误差：均值为 0.04940°；标准差为 0.03260°；最小值为 0.00116°；最大值为 0.08969°。

方法Ⅱ所求的 $P_m(K_g,\ O_g,\ K_m,\ O_m)$ 参数：

$$K_g=\begin{bmatrix}9.7963 & 0.0226 & -0.0126\\ 0.0226 & 9.8068 & -0.0174\\ -0.0126 & -0.0174 & 9.9188\end{bmatrix},\quad O_g=\begin{bmatrix}0.0100\\ 0.0050\\ 0.0017\end{bmatrix} \tag{4-37}$$

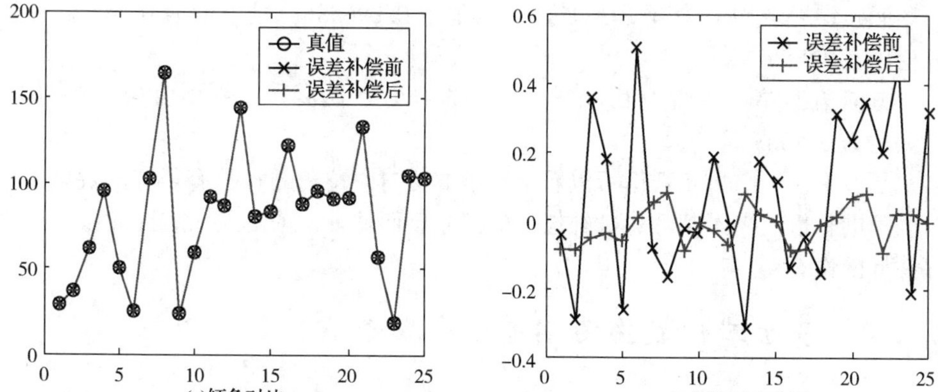

(a)倾角对比 (b)倾角误差分析

图 4-9 方法Ⅱ所求 $P_g(K_g, O_g)$ 参数的仿真结果

$$K_m=\begin{bmatrix}0.6484 & 0.0016 & -0.0006\\ 0.0016 & 0.6485 & -0.0023\\ -0.0006 & -0.0023 & 0.6552\end{bmatrix},\quad O_m=\begin{bmatrix}0.1542\\ 0.0771\\ 0.0308\end{bmatrix} \tag{4-38}$$

仿真结果如图 4-10 所示。

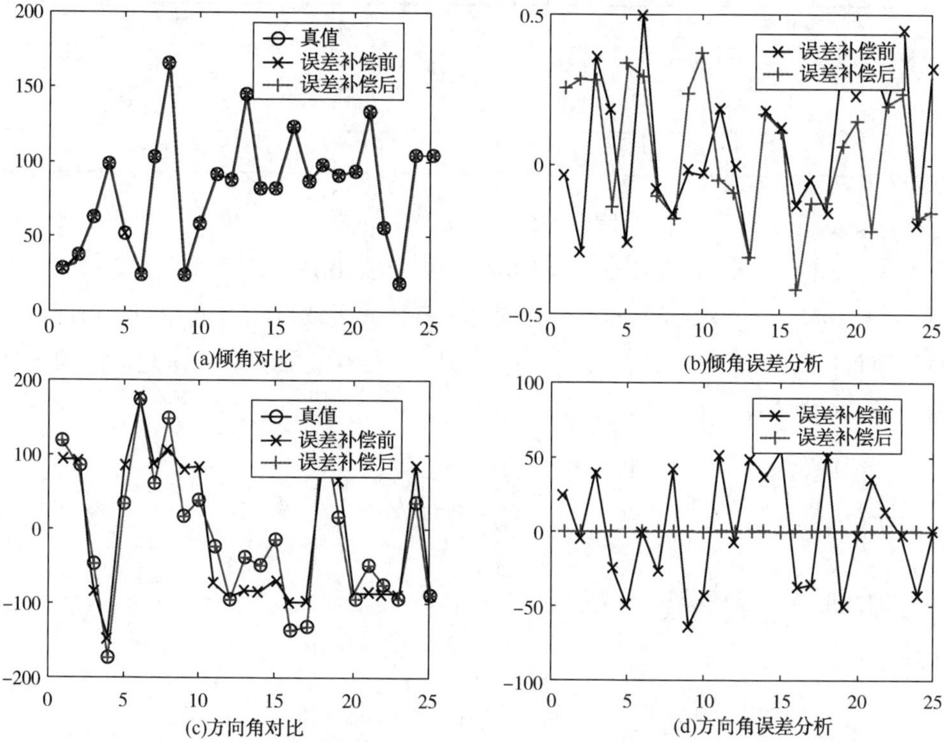

(a)倾角对比 (b)倾角误差分析

(c)方向角对比 (d)方向角误差分析

图 4-10 方法Ⅱ所求 $P_m(K_g, O_g, K_m, O_m)$ 参数的仿真结果

倾角误差：均值为 0.20359°；标准差为 0.09658°；最小值为 0.05101°；最大值为 0.41679°。

方向角误差：均值为 0.06388°；标准差为 0.02807°；最小值为 0.00416°；最大值为 0.10039°。

从以上仿真结果及数据可以看出，该方法对方位角的补偿有很好的效果，但对倾角的补偿效果不甚理想，补偿后的误差反而比补偿前的要大，因此该方法也存在局限性。

4.2.4 基于三位置法的误差校准模型

4.2.4.1 误差校准模型

由于安装误差的存在，使得测量值和理论值之间有一个转换矩阵，三位置方法的主要目的是消除三轴加速度计和三轴磁通门的安装误差。三位置的选取原则是在每个角的取值范围内平均选取，本文选用的三位置如表 4-1 所列。

表 4-1　井斜、方位、工具面角三位置　（°）

工具面角	井斜角	磁方位角
0	0	0
180	45	135
270	90	315

根据选定的这三个位置计算出 CP_N，由 CP_N 计算出三个位置下加速度计和磁场理论下的三轴分量 $CP_N\,[B\cos DIP \quad 0 \quad -B\sin DIP]^T$、$C_N^P\,[0 \quad 0 \quad G]^T$，即 $[a_X \quad a_Y \quad a_Z]^T$、$[M_X \quad M_Y \quad M_Z]^T$，同时在三位置下读取加速度计和磁通门的三轴测量值 $[a_{X1} \quad a_{Y1} \quad a_{Z1}]^T$、$[M_{X1} \quad M_{Y1} \quad M_{Z1}]^T$，测量值和理论值之间的误差就是要计算的矩阵 c、d，其中：

$$c=\begin{bmatrix} c_{11} & c_{12} & c_{13} \\ c_{21} & c_{22} & c_{23} \\ c_{31} & c_{32} & c_{33} \end{bmatrix},\ d=\begin{bmatrix} d_{11} & d_{12} & d_{13} \\ d_{21} & d_{22} & d_{23} \\ d_{31} & d_{32} & d_{33} \end{bmatrix} \tag{4-39}$$

加速度传感器安装误差模型为：

$$\begin{bmatrix} c_{11} & c_{12} & c_{13} \\ c_{21} & c_{22} & c_{23} \\ c_{31} & c_{32} & c_{33} \end{bmatrix}\begin{bmatrix} a_{X1} \\ a_{Y1} \\ a_{Z1} \end{bmatrix}=\begin{bmatrix} a_X \\ a_Y \\ a_Z \end{bmatrix} \tag{4-40}$$

将上述矩阵展开为方程形式：

$$\begin{cases} c_{11}a_{X1}+c_{12}a_{Y1}+c_{13}a_{Z1}=a_X \\ c_{21}a_{X1}+c_{22}a_{Y1}+c_{23}a_{Z1}=a_Y \\ c_{31}a_{X1}+c_{32}a_{Y1}+c_{33}a_{Z1}=a_Z \end{cases} \tag{4-41}$$

一个位置可以得到式(4-41)三个方程，三个位置就可以得到九个方程，从而解算出矩阵 c 中的九个未知数。

磁通门安装误差模型为：

$$\begin{bmatrix} d_{11} & d_{12} & d_{13} \\ d_{21} & d_{22} & d_{23} \\ d_{31} & d_{32} & d_{33} \end{bmatrix} \begin{bmatrix} M_{X1} \\ M_{Y1} \\ M_{Z1} \end{bmatrix} = \begin{bmatrix} M_X \\ M_Y \\ M_Z \end{bmatrix} \tag{4-42}$$

将上述矩阵展开为方程形式：

$$\begin{cases} d_{11}M_{X1}+d_{12}M_{Y1}+d_{13}M_{Z1}=M_X \\ d_{21}M_{X1}+d_{22}M_{Y1}+d_{23}M_{Z1}=M_Y \\ d_{31}M_{X1}+d_{32}Ma_{Y1}+d_{33}M_{Z1}=M_Z \end{cases} \tag{4-43}$$

同理可以解算出矩阵 d 中的九个未知数。

在解算出 c、d 两个误差矩阵后，将这两个矩阵写入测斜仪即可实现标定，测斜仪在任意位置下的加速度计和磁通门的测量值乘以误差矩阵就是精确值，最后计算出井斜、方位和工具面角。

4.2.4.2 MATLAB 仿真结果与误差分析

均值：0.50056°；标准差：0.28766°；最小值：0.00395°；最大值：0.95339°。

如图 4-11 所示，为三位置法补偿前后井斜角的对比及其误差对比。从图中以及误差数据可以看出，三位置法校准后的误差明显比校准前的减小，效果比较理想。

均值：0.46345°；标准差：0.28954°；最小值：0.03928°；最大值：0.98763°。

如图 4-12 所示，为三位置法补偿前后方位角的对比及其误差对比。从图中可以看出，三位置法校准后的值与真值非常贴近，说明校准后的误差很小。从方位角误差对比图以及误差数据也可以看出，校准后的误差非常小。

均值：0.50310°；标准差：0.27163°；最小值：0.04690°；最大值：0.90865°。

如图 4-13 所示，为三位置法补偿前后工具面角的对比及其误差对比。从图中可以看出，校准后的工具面角与真值也非常贴近，说明校准效果较好。从工具面角误差对比图中可以看出，校准前后的误差对比较为明显。

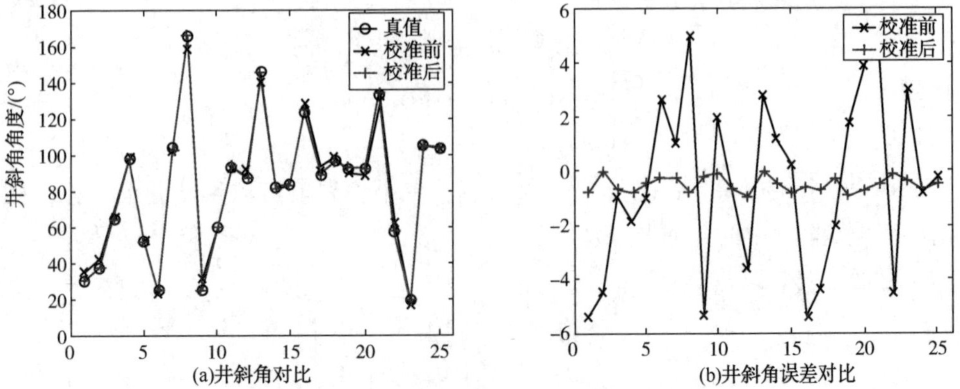

图 4-11　井斜角校准前后对比及误差对比

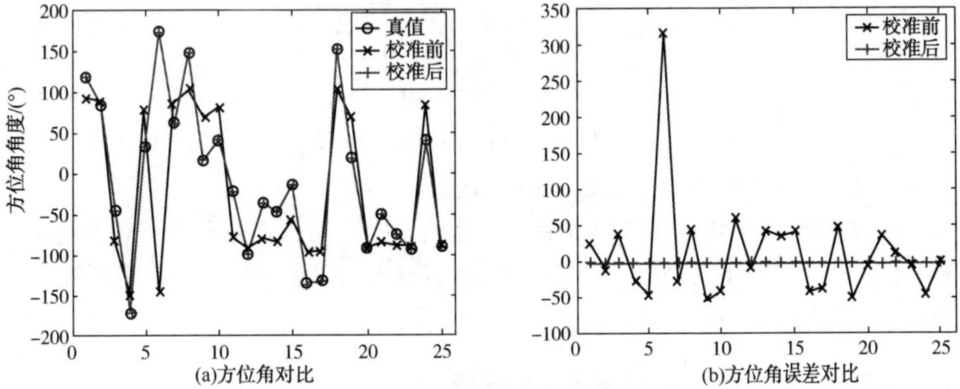

图 4-12　方位角校准前后对比及误差对比

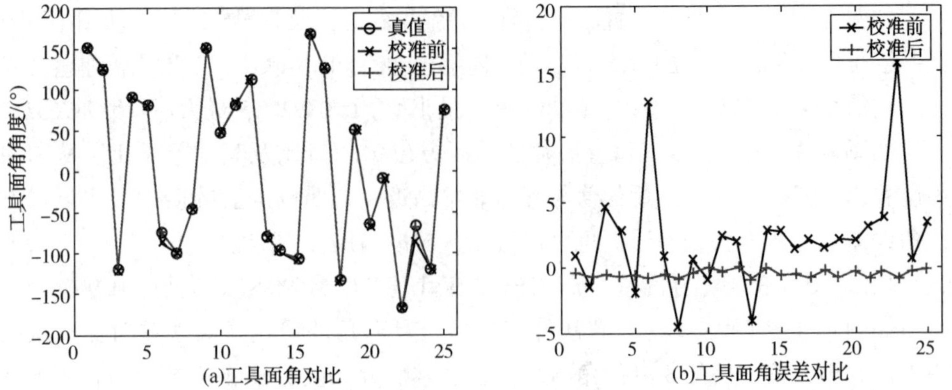

图 4-13　工具面角校准前后对比及误差对比

工具面角误差对比分析是附加的，只要知道加速度计的输出即可计算出工具面角的大小，前面三种方法没有分析说明工具面角，为了更全面地进行分析，所以本节加入了工具面角的分析。

4.2.4.3 校准结果对比分析

为了更直观地说明几种方法补偿的效果，本文将这些方法的补偿结果放在同一张图中进行对比，如图 4-14、图 4-15、图 4-16 所示，分别为几种方法补偿的井斜角、方位角及工具面角的对比和误差对比。从图中可以直观地看出，三位置法的补偿结果与真值最为贴近，从误差对比图中也可以明显看出三位置法的误差最小。因此，验证了本文所提出三位置法的可行性。

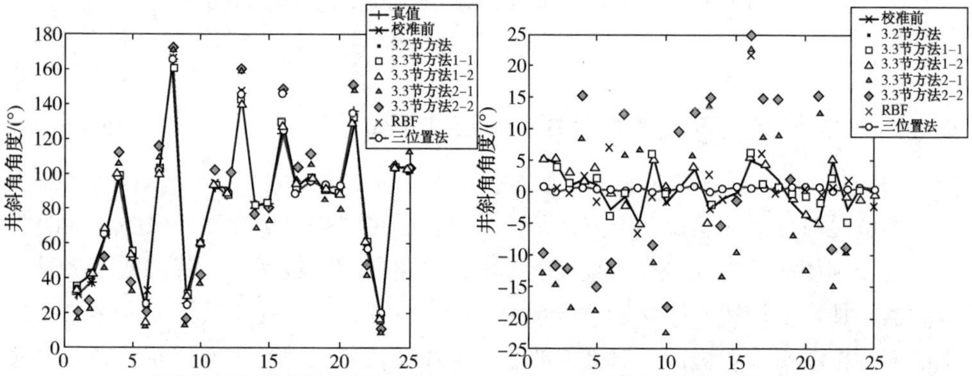

(a)几种方法得到的井斜角对比　(b)几种方法得到的井斜角误差对比

图 4-14　几种方法补偿所得的井斜角对比及误差对比

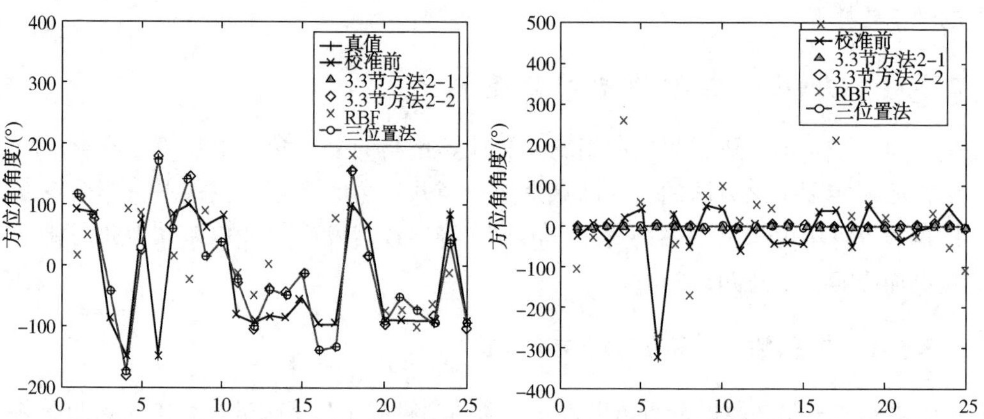

(a)几种方法得到的方位角对比　(b)几种方法得到的方位角误差对比

图 4-15　几种方法补偿所得的方位角对比及误差对比

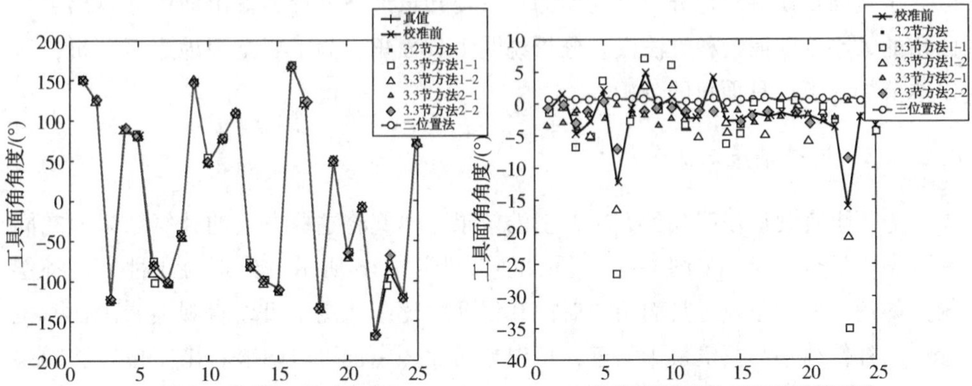

(a)几种方法得到的工具面角对比　　(b)几种方法得到的工具面角误差对比

图 4-16　几种方法补偿所得的工具面角对比及误差对比

4.3　井下动态方位角的误差校准

本节是对井下测斜仪动态姿态角误差进行标定，提出了在感应磁场干扰的情况下首先利用高斯牛顿迭代法直接解算出方位角和磁屏蔽系数；其次利用磁通门传感器和加速度计所监测原始数据频率相同的特性，利用互相关模型去除加速度中的多种振动干扰；再次针对提取的重力加速度信号利用无迹卡尔曼算法对少量噪声进行滤除，最后解算出井斜角和工具面角。相比于传统的误差消除方法，本书所提出的模型姿态角解算精准，为随钻测斜仪误差标定系统的开发提供了有力的理论支撑。

4.3.1　井下动态方位角的误差标定

如本书 4.1 节所示为采用传统方法计算钻具的姿态角，虽然该方法求解简单，但在实际中该方法的最大缺点是一旦当井斜角的解算发生误差，那么在方位角的解算中由于三轴磁场的测量不准确将导致其发生更大偏差。为此需要寻找更加准确的姿态角解算方法。

4.3.1.1　井下测斜仪感应磁场误差分析

经过本书第 3 章的分析可以得知，随钻测斜仪在井下钻进过程中受到的磁场可以分为两类，即固定磁场和感应磁场，在对固定磁场进行误差标定后还需对感应磁场采用算法进行误差补偿。在补偿前首先需明确磁屏蔽的概念，即根据静磁场理论，通过铁磁层的外磁场当到达其空腔时磁场的数值会减小，这种现象称为磁屏蔽。测斜仪感应磁场的干扰来源是因为套管的磁屏蔽作用产生。但由于地理位置不同，磁场传感器受到的磁干扰也不同，导致了磁屏蔽系数不固定，无法事先测得，因此需要在测斜仪下井时实时解算出对套管磁屏蔽系数。套管属于空心圆柱体，根据磁屏蔽系数的理论可知对于无限长空心圆柱体，在其横截面方向内加磁场，其表达式为：

$$k=\frac{B_{\text{in}}}{B_{\text{out}}}=\frac{H_{\text{in}}}{H_{\text{out}}}=\frac{1}{1+\frac{1}{4}\left(1-\frac{b^2}{a^2}\right)\left(\mu_{\text{r}}+\frac{1}{\mu_{\text{r}}}-2\right)} \tag{4-44}$$

式中，k 为套管的磁屏蔽系数；B_{in}、B_{out} 为套管内、外的磁场强度；H_{in}、H_{out} 为套管内、外的磁感应强度；a、b 分别为套管的外、内半径；μ_{r} 为套管的相对磁导率。

由于在套管内的电磁场是由多个磁场干扰累加而成，非常复杂，无法用普通的方法直接求解出，所以需先建立起套管的磁屏蔽数学模型，该模型是由软件进行仿真得到。假设 H 为外加磁场强度，通过查阅相关资料并参考常规钢材磁特性曲线速查手册，设定具体参数为 $H_x=H_y=H_z=100$，$a=50\text{mm}$，$b=40\text{mm}$，$h=2\text{m}$，$\mu_{\text{r}}=300$，仿真结果如图 4-17 和图 4-18 所示。

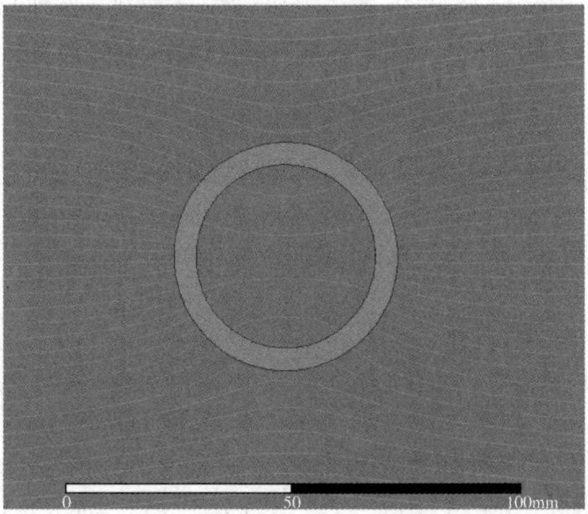

图 4-17　套管中部横截面磁力线分布

当沿 Y 轴方向加磁场 H_y，套管中部横截面磁力线分布如图 4-17 所示，套管内部的磁力线密度明显疏松于外部，而磁力线越密集，代表磁场强度越大，很明显是因磁屏蔽作用造成的这种现象。

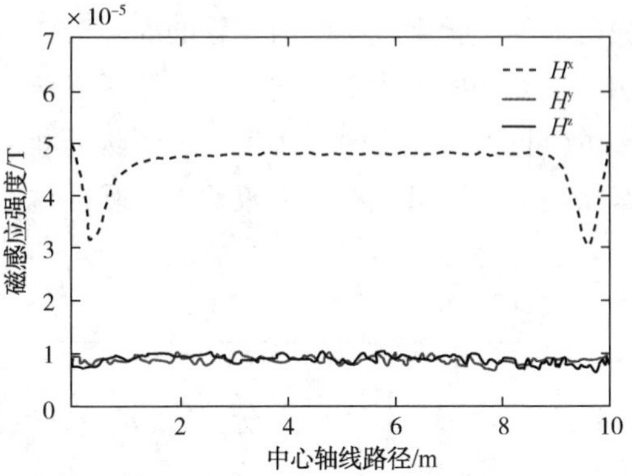

图 4-18　套管中心轴线上的磁感应强度分布曲线

图 4-18 为当分别沿 X 轴、Y 轴、Z 轴施加 $H=100\text{mG}$ 的外加磁场时，由此而在套管中心轴线上产生的磁感应强度 B^x、B^y、B^z 分布曲线图，其中起点和终点位于套管两端横截面的中心。

设在套管中 k_x、k_y、k_z 分别为套管三轴的磁屏蔽系数，则磁屏蔽系数矩阵为 $K=\begin{bmatrix} k_x & 0 & 0 \\ 0 & k_y & 0 \\ 0 & 0 & k_z \end{bmatrix}$。由图 4-18 的仿真结果可知，在沿 Y 轴方向和沿 Z 轴方向的外加磁场作用效果基本一致，因此可以设 $k_y=k_z$。

所以，在套管磁屏蔽作用的干扰下，三轴磁传感器测量到的地磁场即可表示为：

$$B^{\text{bm}}=KB^{\text{b}}=KC_{\text{n}}^{\text{b}}B^{\text{n}} \tag{4-45}$$

式中，三轴磁传感器输出的套管内磁场矢量为 B^{bm}。

4.3.1.2　井下测斜仪方位角误差校准

前文对测斜仪在井下时受到的磁屏蔽作用进行了分析，为精确求解出此时的方位角和磁屏蔽系数，可以利用高斯牛顿迭代法对三轴磁传感器输出值进行解算。该方法的最大特点是优先解算出方位角，这样即可避免先解算出井斜角和工具面角而造成对方位角解算的累积误差。

式中，可令 $h=k_y/k_x$ 后得：

$$\begin{cases} f(h,\ k_y,\ \psi)=L \\ f(h,\ k_y,\ \psi)=[f_1(h,\ k_y,\ \psi)\quad f_2(h,\ k_y,\ \psi)\quad f_3(h,\ k_y,\ \psi)]^T \\ L=[L_1\quad L_1\quad L_1]^T \end{cases} \tag{4-46}$$

式中：

$$\begin{cases} f_1=hB_x^{\mathrm{bm}}\cos\theta-k_yB_0\cos I\cos\psi \\ f_2=k_y\cos I\cos\psi \\ f_3=hB_x^{\mathrm{bm}}\sin\theta-k_y\sin I \end{cases} \tag{4-47}$$

$$\begin{cases} L_1=B_y^{\mathrm{bm}}\sin\gamma\sin\theta+B_z^{\mathrm{bm}}\cos\gamma\sin\theta \\ L_2=B_z^{\mathrm{bm}}\sin\gamma-B_y^{\mathrm{bm}}\cos\gamma \\ L_3=-B_y^{\mathrm{bm}}\sin\gamma\cos\theta-B_z^{\mathrm{bm}}\cos\gamma\cos\theta \end{cases} \tag{4-48}$$

将式(4-46)利用泰勒展开，可得 $\Delta X=A^{-1}B$ 的形式，其中：

$$A=\left.\begin{bmatrix} \dfrac{\partial f_1}{\partial h} & \dfrac{\partial f_1}{\partial k_y} & \dfrac{\partial f_1}{\partial \psi} \\ \dfrac{\partial f_2}{\partial h} & \dfrac{\partial f_2}{\partial k_y} & \dfrac{\partial f_2}{\partial \psi} \\ \dfrac{\partial f_3}{\partial h} & \dfrac{\partial f_3}{\partial k_y} & \dfrac{\partial f_3}{\partial \psi} \end{bmatrix}\right|_{(h_0,k_{y0},\psi_0)}=\begin{bmatrix} B_x^{\mathrm{bm}}\cos\theta & -B_0\cos I\cos\psi_0 & k_{y0}B_0\cos I\sin\psi_0 \\ 0 & B_0\cos I\sin\psi_0 & k_{y0}B_0\cos I\cos\psi_0 \\ B_x^{\mathrm{bm}}\sin\theta & -B_0\sin I & 0 \end{bmatrix} \tag{4-49}$$

$$B=\left.\begin{bmatrix} L_1-f_1 \\ L_2-f_2 \\ L_3-f_3 \end{bmatrix}\right|_{(h_0,k_{y0},\psi_0)}=\begin{bmatrix} B_y^{\mathrm{bm}}\sin\gamma\sin\theta+B_z^{\mathrm{bm}}\cos\gamma\sin\theta-h_0B_x^{\mathrm{bm}}\cos\theta+k_{y0}B_0\cos I\cos\psi_0 \\ B_z^{\mathrm{bm}}\sin\gamma-B_y^{\mathrm{bm}}\cos\gamma-k_{y0}B_0\cos I\sin\psi_0 \\ -B_z^{\mathrm{bm}}\sin\gamma\cos\theta-B_z^{\mathrm{bm}}\cos\gamma\cos\theta-h_0B_x^{\mathrm{bm}}\sin\theta+k_{y0}B_0\sin I \end{bmatrix} \tag{4-50}$$

$$\Delta X=\begin{bmatrix} h-h_0 \\ k_y-k_{y0} \\ \psi-\psi_0 \end{bmatrix}=\begin{bmatrix} \Delta h \\ \Delta k_y \\ \Delta\psi \end{bmatrix} \tag{4-51}$$

式(4-51)中 X_0 为 h_0、h_{y0}、ψ_0 的初值，根据 $X=X_0+\Delta X$，利用迭代算法原理可解算出 X 的最优解，此时即可求出 X 轴和 Y 轴方向磁屏蔽系数 k_x、k_y，并同时解算出方位角 ψ。根据以上结果可知与传统的姿态角解算方法相比，该方法颠倒了解算步骤，后续将通过实验论证该方法的准确性。

4.3.2 井下动态井斜角和工具面角的误差校准

4.3.2.1 井斜角和工具面角误差分析

典型的静态姿态角可以通过停钻的方式精确测得井斜角，此时测量出的数据无振动、冲击、扭转等因素的干扰，所以数据准确且误差较小。但当开始钻井时近钻头位置上安装的传感器将会受到许多因素的影响和干扰，其中加速度计检测出的信号包括有效信号和干扰信号，此时重力加速度在工具轴垂直面上的投影分量很小，而干扰信号远大于重力信号，这时的干扰信号是多种噪声和多余信号的叠加，这些多余的干扰信号可分为：

（1）离心信号

钻具在旋转的过程中产生的离心力加速度将会叠加到加速度计径向和切向方向上，并且在径向和切向方向的离心加速度信号为周期信号，周期的大小与钻具的转速有关。离心加速度的大小与钻头转速和加速度计安装位置有关，通常情况下加速度计安装完毕，离心加速度随着钻头转速的升高而增加。虽然可用普通的高通滤波器滤除离心加速度信号，但当钻头在低转速时该方法不佳。

（2）振动信号

钻头在钻进过程中仪器受到的各种振动是不可避免的。各种振动信号相互叠加，这就加大了提取相关有用信号的难度。这些振动可以分为三类：轴向振动、横向振动以及扭转振动。钻具振动产生的信号为随机信号，频带范围宽，这使得加速度传感器数据中叠加了大量有色噪声，针对传感器振动干扰噪声的硬件滤波并不能满足有效去除井底复杂噪声的需求。

（3）冲击加速度

钻压失稳产生蹩跳，强烈的冲击沿钻柱轴方向传递至整个钻柱，严重时会损坏测斜仪内部的精密仪器。冲击加速度信号通常呈现出随机性，以及信号的尖峰和阶跃干扰的特点，信号从产生到消失的时间短暂。

因此钻进过程中近钻头位置的加速度计测量信号 A_{dynamic} 可表示为：

$$A_{\text{dynamic}}=A_c+A_V+A_s+A_g \tag{4-52}$$

式中，A_c 为离心力加速度信号；A_V 为振动加速度信号；A_s 是高强度的瞬时冲击信号；A_g 为重力加速度。通常情况下停钻测量的静态信号就是加速度计在该点的重力加速度分量信号，但在近钻头位置的加速度计动态测量的输出信号

A_{dynamic}为该点重力加速度分量信号与多个干扰信号的叠加，因此必须从原始的加速度信号中进行重力加速度的提取，才能有效地进行井斜角和工具面角的动态测量。

4.3.2.2 井斜角和工具面角误差校准

进行井下动态井斜角和工具面角的测量时，加速度计会随着钻具一起绕 z 轴旋转，设钻具的旋转角速度为 ω，单位为 rad/s，采样频率为 T_s，单位为 Hz，则沿 x 轴方向加速度计输出信号为：

$$\overline{a_x}(k)=A_x\cos(\omega\times k\times T_s+\varphi)+n_x(k)=g_x(k)+n_x(k) \tag{4-53}$$

式中，$g_x(k)$为不含噪声的 x 轴重力加速度信号；φ 为 x 轴加速度计的输出信号初始相位，固有频率与转速相同；$n_x(k)$为包括各种干扰噪声信号，如钻具受到横向振动及冲击干扰、钻具旋转产生的离心加速度干扰、电路产生的随机噪声等。

由于测斜仪内三轴加速度计的坐标轴是相互垂直的，所以 x 轴方向的加速度信号与 y 轴方向的加速度计信号的初始相位为$\left(\varphi-\dfrac{\pi}{2}\right)$rad，则有：

$$\overline{a_y}(k)=A_y\cos(\omega\times k\times T_s+\varphi-\pi/2)+n_x(k) \tag{4-54}$$

$$\overline{a_y}(k)=A_y\cos(\omega\times k\times T_s+\varphi)+n_x(k)=g_y(k)+n_y(k) \tag{4-55}$$

z 轴方向的加速度计是竖直安装于测斜仪内部，与测斜仪平行，因此理论上 z 轴方向的输出信号不会受到旋转的影响，则有：

$$\overline{a_z}(k)=g_z(k)+n_z(k) \tag{4-56}$$

z 轴重力加速度信号为接近直流的缓慢变化信号，根据 z 轴重力加速度信号与振动冲击干扰的频带差异及电路噪声的随机性，可以利用低通滤波器或者滑动平均滤波器提取 z 轴重力加速度信号。

但 x 轴和 y 轴的重力加速度信号无法采用常规的低通滤波器或滑动平均滤波器来实现噪声抑制，原因在于其转速与固有频率相同。所以需要采用互相关的算法对加速度信号进行提取，互相关的含义为信号的输出频率相同，且对各种冲击干扰以及振动噪声不敏感，由此可以想到磁通门传感器因旋转产生的磁场分量变化信号可以为此提供频率参考，磁力计在钻具 x 和 y 方向测出的信号较好，不受振动和冲击的影响，频率随转速同步变化，且磁力计在测斜仪中固有，无需增加额外的参考信号测量传感器和电路，为此本节选用与 x 轴(或 y 轴)平行的磁通门传感器的输出信号作为参考信号，并对幅度进行归一化，现以 x 轴磁力计的频率为参考标准，则加速度可表示为：

$$\overline{a_x}(k)=\cos(\omega\times k\times T_s)+n_r(k)=r_x(k)+n_r(k) \tag{4-57}$$

x 轴和 y 轴加速度计测得的信号分别与磁通门传感器的参考信号相关，对式(4-55)和式(4-57)进行互相关运算，即可得到：

$$\overline{R}_{a_xr_x}(\tau)=\frac{1}{N}\sum_{k=0}^{N-1}\overline{a}_x(k+\tau)\,\overline{r}_x(k)=R_{a_xr_x}(\tau)+R_{r_xn_r}(\tau)+R_{r_xn_x}(\tau)+R_{n_xn_r}(\tau) \tag{4-58}$$

在式(4-58)中，一方面由于随机噪声与正弦信号不相关，所以 $R_{a_xn_r}(\tau)$ 和 $R_{r_xn_x}(\tau)$ 为零，另一方面因磁通门传感器对各种振动噪声不敏感，因此加速度信号的随机噪声与磁参考信号的随机噪声相关性很弱，即 $R_{n_xn_r}(\tau)\approx 0$，式(4-58)可表述为：

$$\overline{R}_{a_xr_x}(\tau)=R_{a_xr_x}(\tau)=\frac{A_x}{2}\cos(\omega\tau+\varphi) \tag{4-59}$$

同理，式(4-55)与式(4-56)进行互相关运算，得到 y 轴加速度与磁力计的相关信号：

$$\overline{R}_{a_yr_x}(\tau)=\frac{1}{N}\sum_{k=0}^{N-1}\overline{a}_y(k+\tau)\,\overline{r}_x(k)=R_{a_yr_x}(\tau)+R_{r_xn_y}(\tau)+R_{r_xn_y}(\tau)+R_{n_yn_r}(\tau) \tag{4-60}$$

$$\overline{R}_{a_yr_x}(\tau)=R_{a_yr_x}(\tau)=\frac{A_x}{2}\sin(\omega\tau+\varphi) \tag{4-61}$$

对比式(4-54)和式(4-59)，则有：

$$g_x(t)=2\,\overline{R}_{a_xr_x}(\tau)=A_x\cos(\omega\tau+\varphi) \tag{4-62}$$

$g_x(t)$ 为去除干扰噪声后的 x 轴方向的重力加速度信号。

对比式(4-54)和式(4-59)，则有：

$$g_x(t)=2\,\overline{R}_{a_xr_x}(t)=A_x\cos(\omega\tau+\varphi) \tag{4-63}$$

去除干扰噪声后的 y 轴方向的重力加速度信号为 $g_x(t)$。

对于提取出的 x 轴和 y 轴重力加速度信号依然含有少量的噪声干扰，以及对 z 轴的重力加速度信号的提取，本节提出采用无迹卡尔曼滤波算法，该算法是一种高精度非线性经典滤波方法。

基于 z 轴加速度计建立非线性动态数学模型，t 时刻，模型状态方程为 $\dot{Q}(t)$ 为：

$$\dot{Q}(t)=A(t)Q(t)+n(t) \tag{4-64}$$

式中，$n(t)$ 为系统状态噪声；$A(t)$ 为矩阵系数；$Q(t)$ 为前一状态方程。

$$A(t)=\begin{bmatrix} 0 & -w_x & -w_y & -w_z \\ w_x & 0 & w_z & -w_y \\ w_y & -w_z & 0 & w_x \\ w_z & w_y & -w_x & 0 \end{bmatrix} \tag{4-65}$$

式中，w_x、w_y、w_z 为地球自转角速度在 x、y、z 轴的分量(rad/s)。

若采样 t 时刻三轴加速度计测量输出矩阵为 $a(t)$：

$$a(t)=\begin{bmatrix} a_x \\ a_y \\ a_z \end{bmatrix}=Z(t)\begin{bmatrix} 0 \\ 0 \\ g \end{bmatrix}$$

式中，a_x、a_y、a_z 分别表示三轴加速度计沿钻具径向 x 轴、切向 y 轴和轴向 z 轴方向的重力加速度分量。

若采样 t 时刻 z 轴加速度计输出矩阵为 $a(t)$。则观测方程为：

$$y(t)=[a(t)]^T=H[Q(t)]+v(t) \tag{4-66}$$

式中，H 函数为非线性函数，$y(t)$ 为 t 时刻的传感器测量向量，$v(t)$ 为 t 时刻限幅滤波后的测量噪声，分别对状态方程和测量方程进行离散化处理得：

$$\begin{cases} Q_{k+1}=Q_k(I+t_sA_k)+w_k \\ Z_{k+1}=H(Q_k)+v_k \end{cases} \tag{4-67}$$

式中，I 为单位矩阵；t_s 为采样周期；w_k 为高斯白噪声；v_k 为传感器测量现付滤波后的噪声；A_k 为第 k 步矩阵 A 的取值。假定 $k-1$ 步滤波后得到状态变量 $\hat{Q}_{k-1}$ 及协方差矩阵 $\hat{P}_{k-1}$，sigma 点选取为：

$$\begin{cases} X_0=\hat{Q}_{k-1} \\ X_{i,k-1}=\hat{Q}_{k-1}+\left(\sqrt{(n+1)\hat{P}_{k-1}}\right)_i,\ i=1,\ 2,\ \cdots,\ n \\ X_{i,k-1}=\hat{Q}_{k-1}-\left(\sqrt{(n+1)\hat{P}_{k-1}}\right)_i,\ i=n+1,\ n+2,\ \cdots,\ 2n \end{cases} \tag{4-68}$$

式中，n 为状态方程中状态变量个数，计算权值。

$$\begin{cases} \omega_0^m = \lambda/(n+\lambda) \\ \omega_i^c = \dfrac{\lambda}{n+\lambda} + (1-\tau 2+\gamma),\ i=1,\ 2,\ \cdots,\ 2n \\ \omega_i^m = 1/2(n+\lambda),\ i=1,\ 2,\ \cdots,\ 2n \end{cases} \tag{4-69}$$

式中，ω_i^m、ω_i^c 分别为求一、二阶统计特性时的权系数；λ 为尺度参数，$\lambda = \tau^2(n+e)-n$，其中 $e=0$，$\gamma=2$，$\tau=0.001$。

计算时间更新方程，通过状态方程将 sigma 点进行非线性传播。

$$X_i^a = (I+t_s A_{k-1})X_i,\ i=1,\ 2,\ \cdots,\ 2n \tag{4-70}$$

$$\bar{S} = \sum_{i=0}^{2n} \omega_i^c Xa_i,\ i=1,\ 2,\ \cdots,\ 2n \tag{4-71}$$

结合方差矩阵 P_{k-1} 得到下一步预测协方差矩阵 $\bar{P}_{k,k-1}$：

$$\bar{P}_{k,\ k-1} = \sum_{i=0}^{2n} \omega_i^c (X^a{}_i - \bar{S}^a{}_i)^{\mathrm{T}} + P_{k-1},\ i=1,\ 2,\ \cdots,\ 2n \tag{4-72}$$

计算观测更新方程：

$$\bar{P}_z = \sum_{i=0}^{2n} \omega_i^c (Y_i^a - Z)(Y_i^a - Z)^{\mathrm{T}} \tag{4-73}$$

$$\bar{P}_{x,\ Z} = \sum_{i=0}^{2n} \omega_i^c (Y_i^a - \bar{S})(Y_i^a - Z)^{\mathrm{T}} \tag{4-74}$$

式中，$Y_i^a = H(X^a{}_i)$，$Z = \sum_{i=0}^{2n} \omega_i^m Y_i^a$，$i=1,\ 2,\ \cdots,\ 2n$。

滤波更新得到：

$$K_k = \bar{P}_{x,z} \bar{P}_z^{-1} \tag{4-75}$$

$$Q_k = \bar{S} K_k [\bar{Q}_k - Z] \tag{4-76}$$

$$P_k = \bar{P}_{k,k-1} - K_k \bar{P}_z K_k^{\mathrm{T}} \tag{4-77}$$

式中，$\bar{Q}_k$ 为第 k 步传感器观测数据 Y_k 跟踪变换所得，得到第 k 步状态变量的滤波结果 Q_k，即为 z 轴加速度滤波结果。

这样通过对 x、y、z 轴加速度分别提取后完成动态井斜角和工具面角的测量，结合前文对动态方位角的补偿，这样即测斜仪在井下动态时方位角的实时误差标定。标定原理如图 4-19 所示。

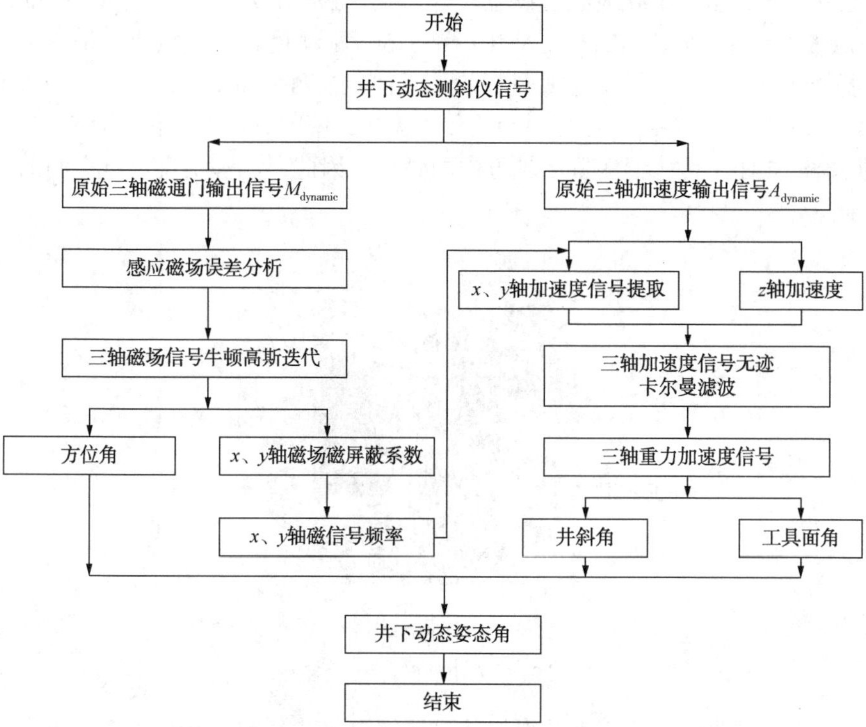

图 4-19 动态姿态角误差标定原理框图

4.4 随钻测斜仪标定系统研究和设计

4.4.1 磁场环境监测及校准装置设计

在校准测斜仪之前，必须要保证校准的环境不受外界磁场(如手机等)的干扰，因此，磁场环境的监测不可或缺。本文设计的磁场环境监测是在校准的房间四角分别安装磁传感器，然后通过上位机实时显示房间内磁场的变化情况，以此判断该环境是否适合校准。本节介绍了磁场环境监测所选用的磁传感器及其参数特点等，以及配套设计的磁场环境监测上位机系统。同时，研究设计了测斜仪校准所用的装置方案。

(1) RM3100 地磁场传感器

根据磁敏元件的检测范围和灵敏度精度以及现场条件的需求，本节选用了由

PNI 公司生产的 RM3100 地磁传感器[23]，其结构如图 4-20 所示。RM3100 由三个地磁敏感元件和一个 MagI2C ASIC(pn13156)驱动控制芯片组成，是一个三轴磁传感器的组合件。三个独立的地磁敏感元件包括两个 Sen-XY-f(pn13104)地磁传感器和一个 Sen-Z-f(pn13101)地磁传感器，其中 13104 传感器测量 X、Y 轴方向的磁场，13101 传感器测量 Z 轴方向的磁场。因此，能够实现三维空间的磁场大小测量。

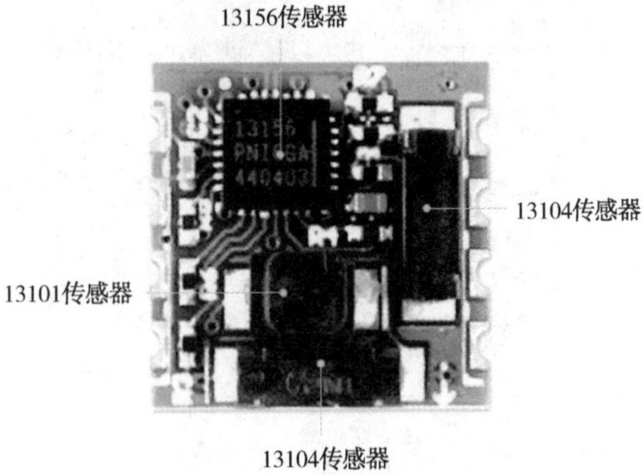

图 4-20　RM3100 磁传感器结构图

RM3100 地磁传感器不需要附加信号调理电路或者模数转换电路，可通过串行外设接口(Serial Peripheral Interface)向单片机发送数据。在其他类型的地磁传感器中，RM3100 是性能最优的一种，其地磁分辨率是前导霍尔传感器的 10 倍以上，测量噪声为前导霍尔传感器的 1/20，能够实现精确的实地测量磁场。

RM3100 地磁传感器可以测量-800~800μT 范围内的磁场量，而地表地磁场大小在 30~60μT 范围内，考虑到实际地磁场会与不定大小的环境干扰的情况相叠加，所以 RM3100 的测量量程较宽，可以满足地磁场测量的要求。RM3100 的采样率在 440~1600Hz 之间，分辨率在 20~75LSB/μT 之间，且具有 15~30nT 的低噪声。同时 RM3100 具有低功耗、抗大信号噪声能力宽、动态范围宽，以及具有自动温漂校准功能、测量值在不同的温度下可保持稳定等优点。综上所述，RM3100 地磁传感器有以下特点：

① 宽的磁场测量量程±800μT；

② 噪声小(15nT)；

③ 分辨率高(13nT)；

④ 功耗低；

⑤ 体积小，便于安装；

⑥ USB 串口连接方式。

（2）校准装置方案设计

本节在现有文献及现有设备的基础上，完成了一套井下随钻测斜仪误差校准系统装置的方案设计，能够采集测斜仪的姿态参数并实时显示，为随钻测斜仪误差校准系统提供了更好的数据支持。

——校验架结构方案设计

本节校验架[24]的结构采用 SolidWorks 软件设计，这是世界上第一个基于 Windows 开发的三维 CAD 系统。SolidWorks 软件功能强大，具有多种多样的组件，使用简单、易于学习，这些优点使得 SolidWorks 成为领先的、主流的三维 CAD 解决方案。SolidWorks 涉及零件设计、装配体设计和工程图。本次校验架的结构设计包括零件设计与装配设计，由底座、支撑筒、方位架、井斜架、手轮等部分组成，其总体结构设计如图 4-21 所示。

① 底座。

如图 4-22 所示，底座主要由平衡螺钉和底架组成，可以保证校验架准确的水平位置。

图 4-21 校验架模型

图 4-22 底座模型

② 支撑筒。

如图 4-23 所示为支撑筒模型，它是固定在底座上的。在支撑筒上安装有轴承座，支撑筒内部安装有方位编码器，可以根据轴承的转动确定当前的方位。

③ 方位架。

如图 4-24 所示为方位架模型，可以实现 360°自由旋转。

④ 井斜架。

如图 4-25 所示为倾角架模型结构，包括倾角架及压紧螺钉。测斜仪放在井斜架上后，使用压紧螺钉将其固定在井斜架上。井斜调节手轮通过机械传动装置固定于校验架侧翼，使操作更加轻松、方便和安全。

⑤ 手轮及倾角轴。

如图 4-26 所示，通过手轮的转动，可以控制倾角架的转动，从而实现模拟井斜角。

图 4-23　支撑筒模型

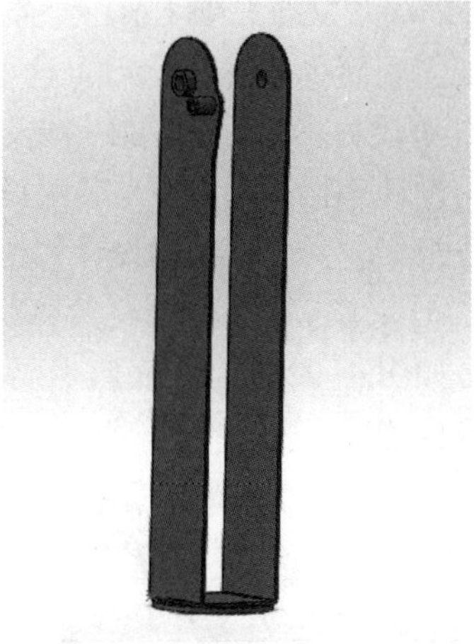

图 4-24　方位架模型

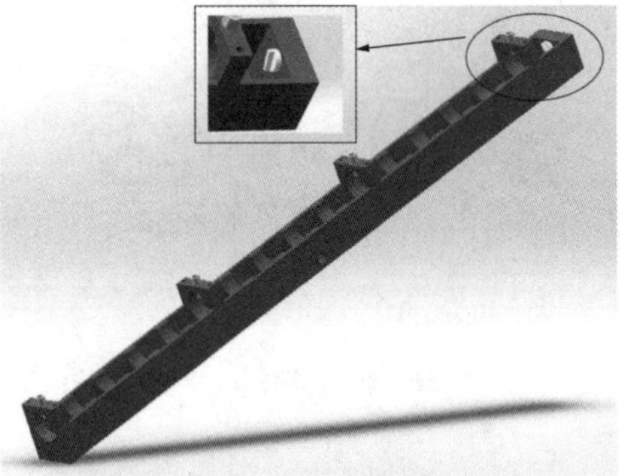

图 4-25　倾角架模型

图 4-26　机械传动装置

⑥ 光电编码器。

光电编码器[25]是由圆形码盘和光电检测装置组成，通过光电转换将机械量转换成脉冲或数字量。光电编码器一般有增量式与绝对式两种类型。本次设计选用的为增量式光电编码器，因为增量式光电编码器具有结构简单、体积小、价格低、精度高、响应速度快、性能稳定等优点，应用非常广泛[26]。本节选用三个增量式光电编码器，分别用于测井斜角、方位角和工具面角，其安装结构示意图如图 4-27 所示，其转轴通常与被测旋转轴连接，随被测轴一起转动。

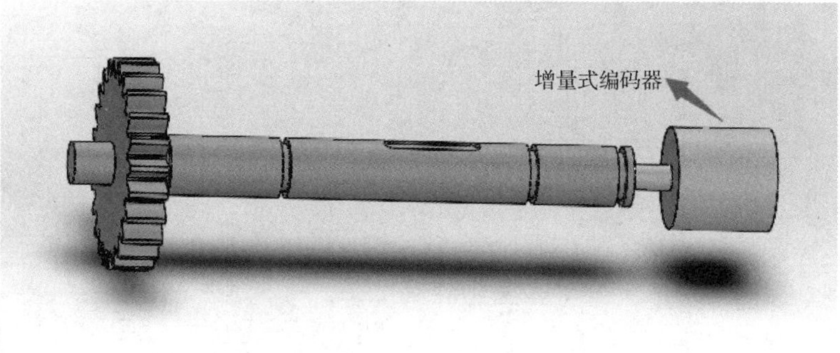

(a)增量式编码器在倾角轴的安装(测井斜)

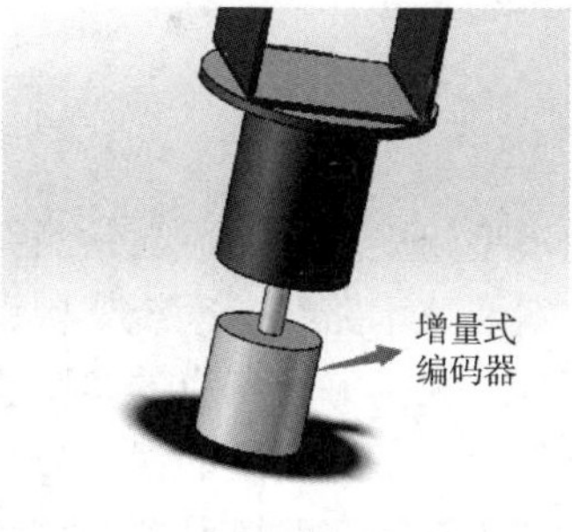

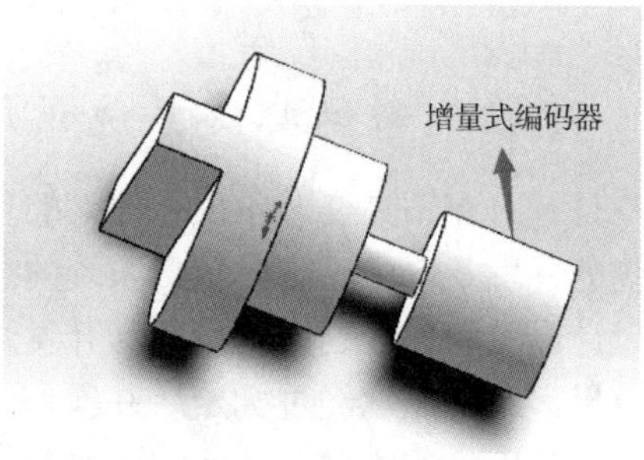

(b)增量式编码器在方位架的安装(测方位)　(c)增量式编码器在倾角架的安装(测工具面)

图 4-27　增量式编码器的安装位置

如图 4-27(a)所示，当校验架的倾角架转动的时候，与其连接的倾角轴也随之转动，同时带动增量式编码器的转动，转动的角度就被增量式编码器实时采集，并将被测轴的角位移转换成二进制编码或一串脉冲进行输出，然后经过电路板的数据处理(对二进制编码或脉冲进行角度上的转换)，最后输入至显示仪，显示仪即按照倾角架转动的角度进行数字显示。其余两个角的测量原理相同。

——数显仪电路模拟仿真设计

数显仪电路仿真由 Proteus 及 Keil 设计，由于 Proteus 没有编码器及其他元器件，因此本设计采用三个电机进行模拟校验架三个方向的转动，即井斜、方位、工具面，通过三个按钮控制电机的正反转及停止，以此模拟校验架的转动情况。电路如图 4-28 所示。

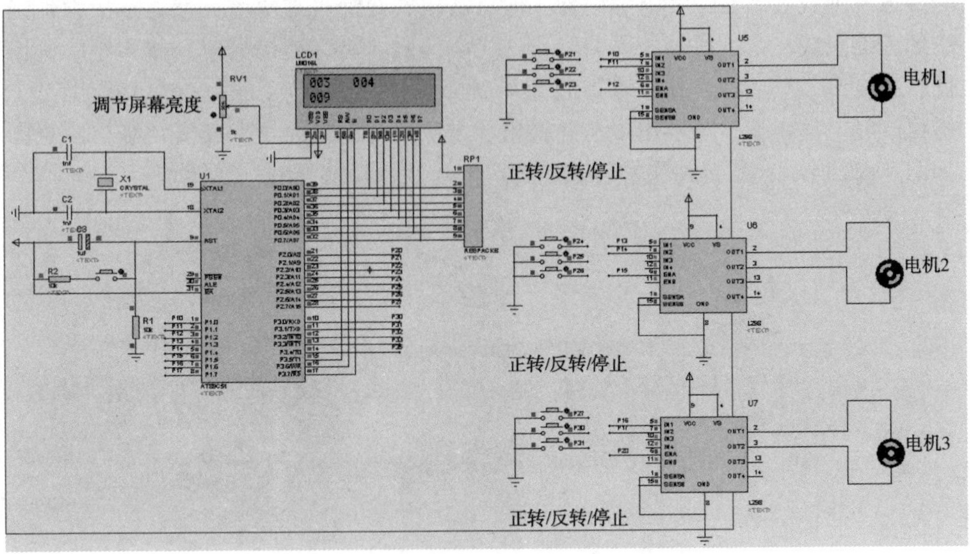

图 4-28 数显仪电路模拟仿真图

4.4.2 随钻测斜仪标定系统设计

本节是针对在钻具姿态角误差消除的理论模型建立后，完成随钻测斜仪误差标定系统的开发及应用。主要包括系统的总方案及技术路线、系统架构设计、系统硬件设计以及软件数据库的设计与开发。而且在现场完成相应的实验验证，分析应用效果，结果显示经过标定后井斜角、方位角、工具面角的误差分别控制在 0.2°、0.5°以及 0.2°之内，从而实现对井下钻具姿态的实时监测，为该系统的大范围推广奠定了基础。

(1) 随钻测斜仪地面标定总体方案设计

为了有效消除随钻姿态角的测量误差，结合前文对姿态角误差的来源进行分析后，需要将误差分为地面静态误差和井下动态误差。静态安装误差是由于加速度计和磁场传感器在安装时三轴坐标系无法完全相互垂直而产生的误差，以及固定磁场产生的干扰对磁通门造成的误差。如图 4-29 所示为地面静态误差标定方案的设计，该系统是一个能够实时完成数据采集、分析、解算的控制系统。

(2) 随钻测斜仪井下校准总体方案设计

随钻测斜仪井下校准的技术路线如图 4-30 所示，井下动态误差是因为数据测量时受到多种噪声的干扰导致姿态角结算时不准确。当测斜仪下井后，在钻头钻进过程进行实时数据测量，利用泥浆脉冲将采集到的加速度计和磁通门传感器的数据进行姿态角解算，并利用互相关提取和无迹卡尔曼滤波算法完成误差校准。

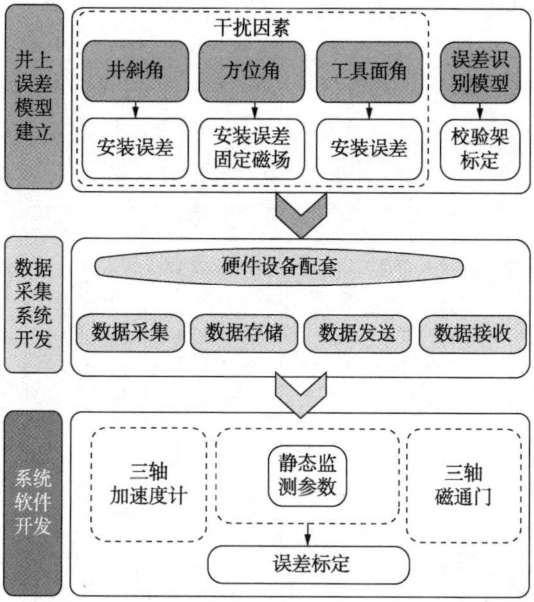

图 4-29　姿态角地面静态标定系统总体方案设计

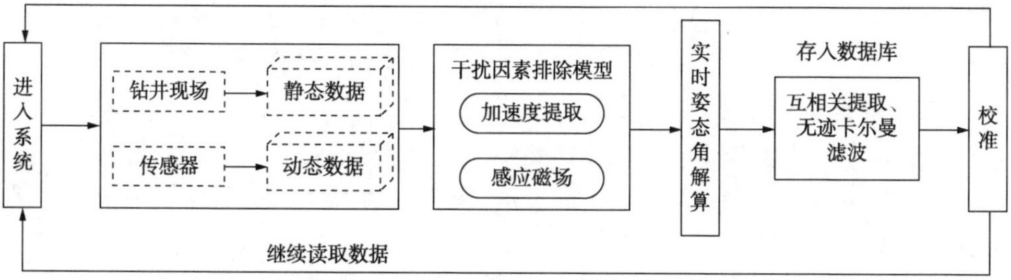

图 4-30　姿态角井下校准系统技术路线

（3）系统框架设计

所开发的误差标定系统须有四大模块，即实时参数采集模块、基础数据管理模块、实时数据监测模块、误差标定模块，这四个模块需要存储大量的数据，因此配套相应的数据库。系统的总体架构设计如图 4-31 所示。

这四个模块依据需求不同拥有各自的功能，其中实时参数采集模块是用于井下测斜仪将原始数据采集后传送至控制系统；基础数据管理模块是将井下传出的数据以及误差标定后的数据按照字符串的类别进行分类存储，供客户端实时调取；实时数据监测模块主要是对误差的来源进行数字化管理，方便误差的标定；误差标定模块是这四个模块的核心，主要用于姿态角的解算以及采用误差模型对解算结果完成标定。这四个模块既相互独立，但又是一个整体，都通过数据库完成数据的采集、存储、发送。

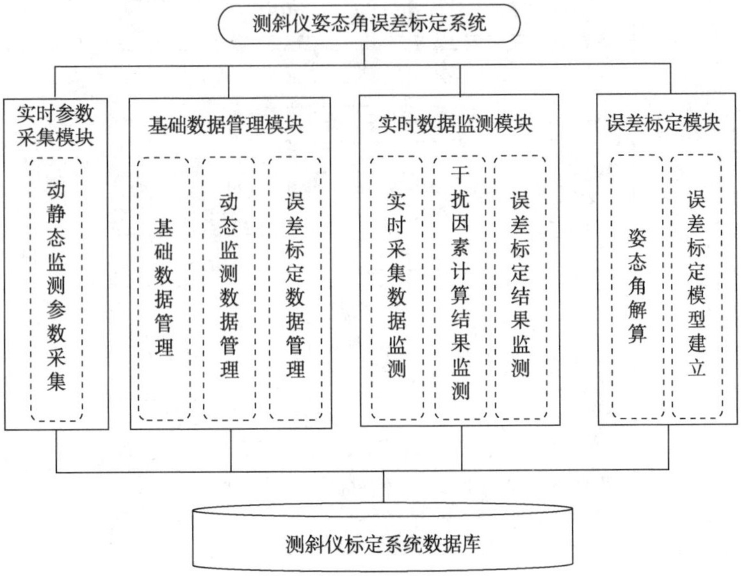

图 4-31　随钻测斜仪姿态角误差标定系统总体架构

① 系统物理架构设计。

随钻姿态角误差标定系统的物理架构主要是系统与硬件的连接方式，在连接时必须保证数据传输稳定可靠。由此，本文设计了系统的物理架构，用于满足现场需求，如图 4-32 所示。

该方案以随钻测斜仪系统数据库服务器为核心。数据库在整个系统相当于中转站，实时采集的数据通过服务器并基于相关的通信协议传输至数据库，同时客户端通过与数据库连接，完成数据的解算和误差标定，之后再次存储进数据库。

② 系统运行架构设计。

基于前文随钻测斜仪姿态角误差标定系统的物理架构，为了确保系统能够实时稳定地运行，设计了与物理架构相匹配的系统整体运行结构，同时为了满足大量数据的存储要求，系统的运行架构分为两个部分：一个是客户端的系统，另一个是数据库，如图 4-33 所示。

所开发误差标定系统的核心是数据库平台的系统服务器，数据库将采集到的原始测量数据进行分类储存管理，并连接于客户端的操作系统，系统对数据进行调取解算，完成误差标定后再存进数据库其他表格中以方便后续查看。

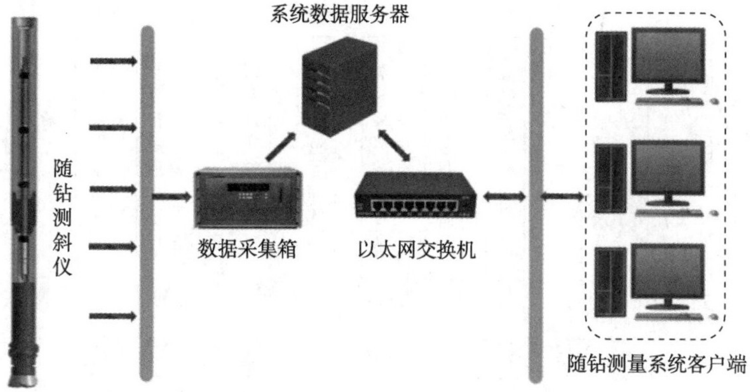

图 4-32　随钻测斜仪姿态角误差标定系统物理架构

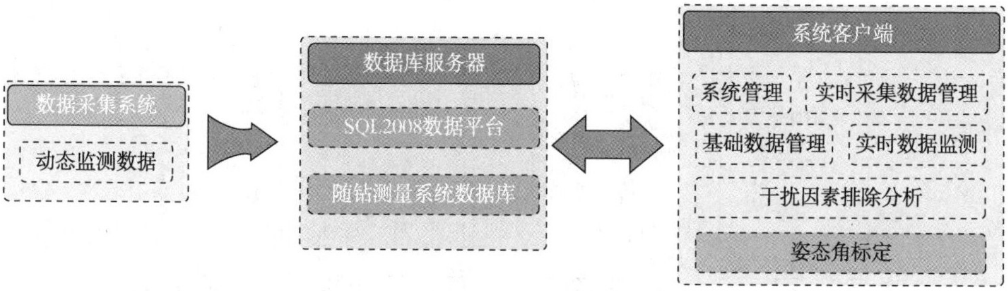

图 4-33　随钻测斜仪姿态角误差标定系统运行架构

③ 系统逻辑架构设计。

所开发系统的逻辑架构主要是用于规定系统各个模块应当具备的功能，是基于严谨的逻辑思想对系统进行再次细分。随钻测斜仪姿态角误差标定系统逻辑架构包括：现场实时数据采集模块、数据库管理模块、历史数据查看模块、实时数据监测模块、姿态角误差标定模块。如图 4-34～图 4-38 所示。

④ 系统数据架构设计。

所开发系统的数据库能够反映数据在经过不同的处理模块后之间的关系，这种关系可以是平行的也可以是交叉的。该姿态角误差标定系统的数据架构主要以数据库 SQL Server 2008 为平台进行管理，包含实时采集的数据、干扰因素数据、误差标定数据等，如图 4-39 所示。

系统所需要的数据是经过测斜仪传感器实时采集而来，标定后的数据是由客户端系统完成，标定完成后数据还需存入数据库。数据的采集、标定、存储都是同时访问数据库，因此对于数据的分类尤为重要，需避免发生数据错乱。

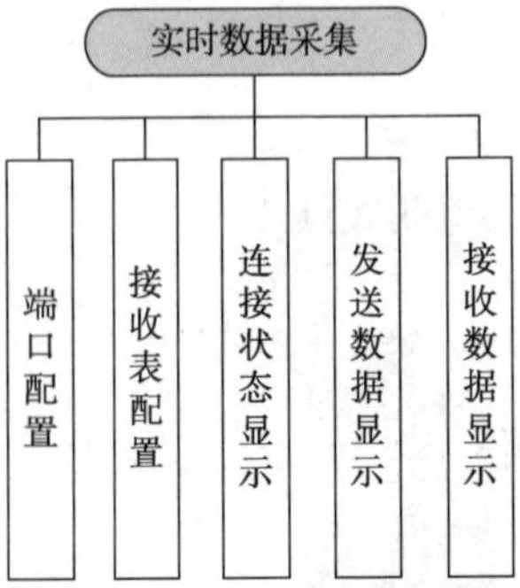

图 4-34　实时数据采集模块

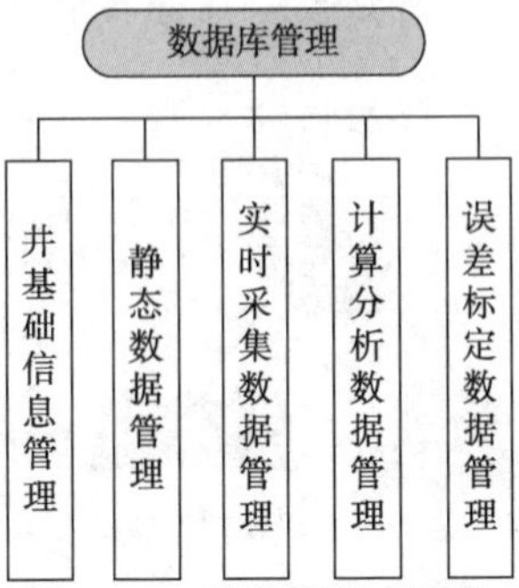

图 4-35　数据库管理模块

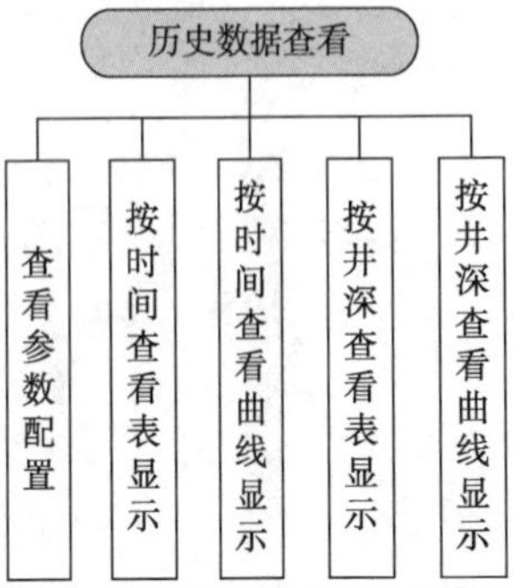

图 4-36　历史数据查看模块

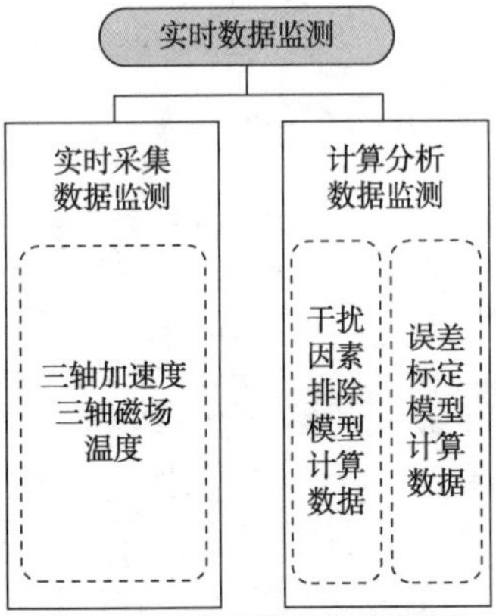

图 4-37　实时数据监测模块

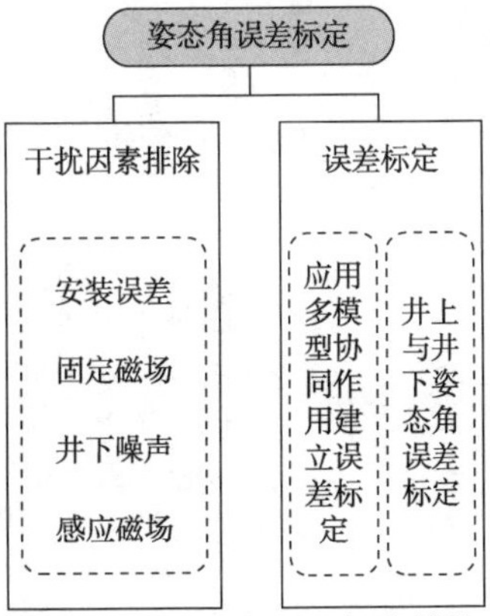

图 4-38　姿态角误差标定模块

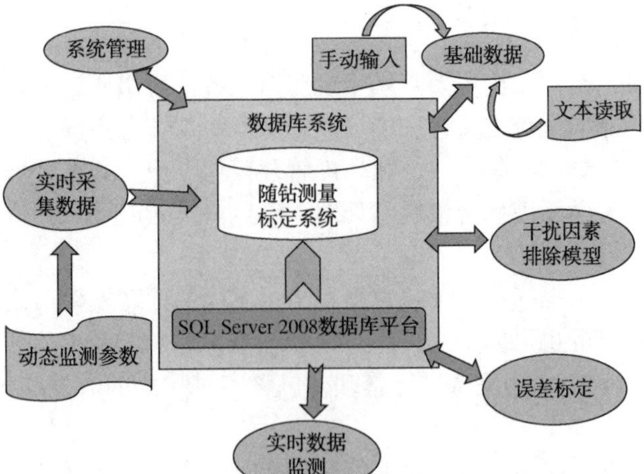

图 4-39　随钻测斜仪姿态角误差标定系统数据库架构

(4) 系统硬件设计

为了能够实时准确地得出钻具的姿态角，仅依靠误差标定系统是不够的，测斜仪中传感器的选定尤为重要，负责采集数据的传感器需要适应井下复杂的环境，灵敏度必须要高，采集必须及时且准确。

为满足随钻测斜仪系统地面与井下校准的准确性与及时性，本节基于数据采集与传输系统，完成对本系统的硬件配套。

① 随钻测斜仪系统硬件整体设计。

随钻测斜仪误差标定系统硬件方案的确定是实现一切误差标定的基础。硬件工作的主要流程可分为三步，即采集、传输、显示。测斜仪通过内部的传感器完成数据采集并转换成电信号的形式，通过钻井液脉冲的方式传输至地面控制系统，在井上系统利用局域网将数据进行分类并通过算法解算、标定等步骤进行处理，处理后的数据实时显示给工程师，工程师通过显示的数据完成决断。硬件的整体流程如图 4-40 所示。

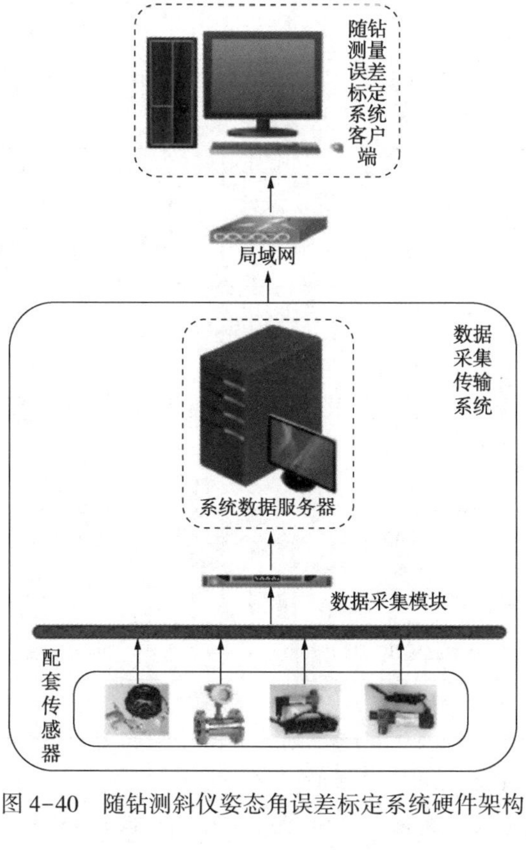

图 4-40　随钻测斜仪姿态角误差标定系统硬件架构

② 配套传感器选型。

传感器和测斜仪型号的确定将直接影响钻头在井下的测量精度，同时还需兼顾经济成本以及可操作性等方面，因此硬件的选型至关重要。本节通过大量的调查优选出以下传感器等硬件型号。

(a) 加速度计。

经过对各种类型的加速度计进行比对，本文选用 JSD-II-C 型石英挠性加速度计。该型传感器具有成本低、稳定性好、精度高、使用寿命长等优点，由接近零温度系数的熔融石英玻璃制成，已通过国家计量单位的认证。大量现场实际工程的数据显示该加速度计稳定可靠，适用于钻井时复杂的井下环境，能在恶劣环境中进行重力加速度的准确测量。其具体参数指标如表 4-2 所示。

表 4-2　加速度计参数

序号	参数名称	参数指标
1	重量	14g
2	电压范围	±10V
3	电流	≤25mA
4	体积	31mm×27mm×15mm
5	姿态测量稳定度	0.01°
6	波特率	115200bps
7	量程	加速度±10g
8	振动	20g(20~2000Hz)
9	角度精度	动态 0.1°、静态 0.05°
10	工作温度	-40~+160℃
11	数据输出内容	时间、加速度、角速度、角度
12	分辨率	≤$5\times10^{-5}g$

(b) 磁通门传感器。

为满足磁场强度的采集要求，选用的磁通门传感器必须精度高、不受温漂影响、稳定性高。为此本节选用了军用 534 型磁通门传感器，其内部元件无需依靠进口，该传感器是一个三轴磁通门，外形封装为铝制长方形，尺寸小，不占空间。具体参数如表 4-3 所示。

表 4-3　磁通门传感器参数

序号	参数名称	参数指标
1	量程	2000mT
2	测量范围	0～2400mT(2400Gs)
3	线性度	全量程的±0.1%
4	工作电压	±12V
5	工作环境	-30～+150℃
6	尺寸	20mm×30mm×10mm
7	测量准确度	1 级±0.1%(全量程满足)
8		2 级±0.2%(全量程满足)
9		5 级 0～1000mT：0.2%；1000～2400mT：0.3%
10	尺寸	圆拐角的直角平行六边形 0.75″×0.75″×2.75″
11	质量	15g
12	功率	240mW

(c) 随钻测斜仪。

随钻测量系统用于测量和记录钻具的钻压、扭矩、钻具内外环空压力、温度、转速和三轴振动量等参数。测量的数据可以无线通信到随钻测量系统的接收短节内，再通过随钻测量系统实时地上传到地面，为钻井工程师提供相应的施工数据参考，同时工程参数测量短节也可以独立使用，将测量数据存储在测量钻铤内的存储器中，供起钻后下载、分析，可适用于深井的监控，保证施工的安全，防止事故的发生。本节采用的是 LHE6150D 型测斜仪，该产品可测量钻具的转速、扭矩等多个参数，测量参数实时地面显示，随钻式与存储式工作模式可相互转换，存储式持续工作时间大于 200h，具体参数如表 4-4 所示。

表 4-4　井下测斜仪参数

序号	参数名称	参数指标
1	钻压	-150~150kN±5%
2	扭矩	-20~20kN·m±5%
3	弯矩	-30~30kN·m±5%
4	内环空压力	0~150MPa±1%
5	外环空压力	0~150MPa±1%
6	转速	0~255r/min±2r
7	三轴振动	0~50g±1g
8	存储容量	200h@ 2s 间隔
9	持续工作时间	≥200h
10	外形尺寸	ϕ125mm×1000mm
11	扣型	3½″IF
12	工作温度	0~175℃

③ 系统配套设备简介

随钻测斜仪监测系统配套的数据采集和通信设备如表 4-5 所示。

表 4-5　随钻测斜仪数据采集和通信设备

设备及型号	技术指标	实物图
串口设备联网服务器 ADAM4570 型	电源：10~30VDC；温度：-20~80℃； 以太网通信： 标准：IEEE802.3，IEEE802.3u； 速度：10/100Mbps；端口数：1； 串口通信： 端口类型：RS-232/422/485； 端口数：2；波特率：50~921.6kbps	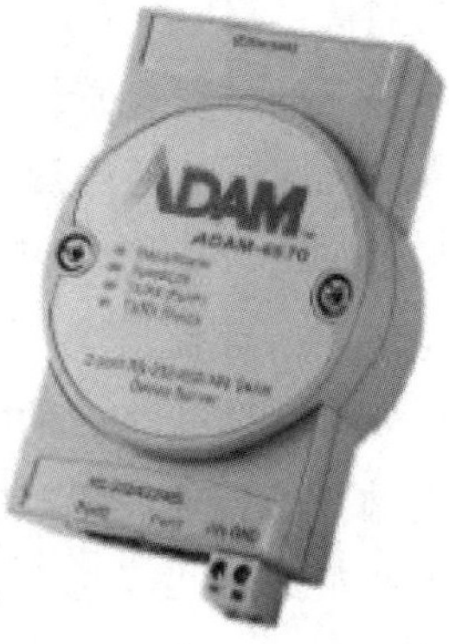

续表

设备及型号	技术指标	实物图
信号采集模块 KSD2-CI-S-Ex2. H 模拟型 KSD2-FI-Ex 脉冲型	电源：24VDC； 温度：-20~60℃； 安装方式：DIN 导轨安装； 输入通道：2(KSD2-CI-S-Ex2. H)，1(KSD2-FI-Ex)	 
通讯模块 KSD2-GW-MOD. 485 型	电源：24VDC； 温度：-20~60℃； 安装方式：DIN 导轨； 接口：RS485	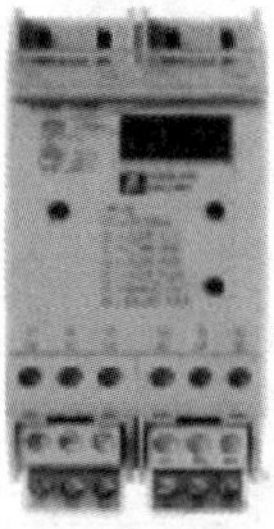
电源模块 P+FK 系列	供电：120/240VAC； 输出：24VDC； 温度：-20~60℃	
网络交换机 TL-SF1008+型	端口：8 个 10/100M 自适应 RJ45 端口；协议标准：IEEE802. 3、IEEE802. 3u、IEEE802. 3x； 使用环境：工作温度 0~40℃，存储温度-40~70℃	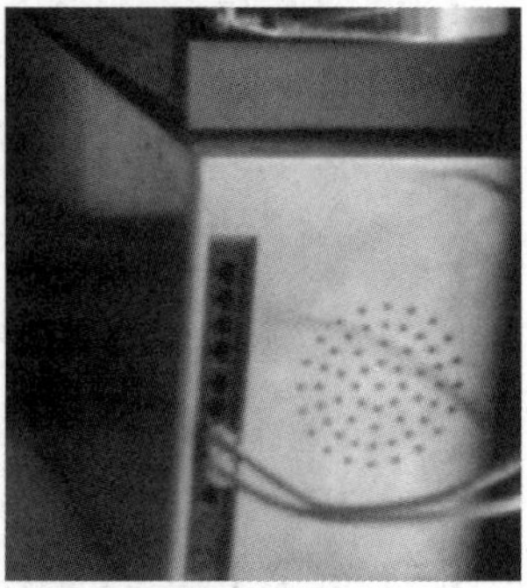

各个传感器的连接线路如图 4-41 所示，加速度计、磁通门传感器的信号为模拟信号，所以接入模拟信号采集模块端口 1、端口 2，脉冲信号接入采集模块端口 23、端口 24。数据采集箱主要是用于通信以及连接局域网，如图 4-42 所示。

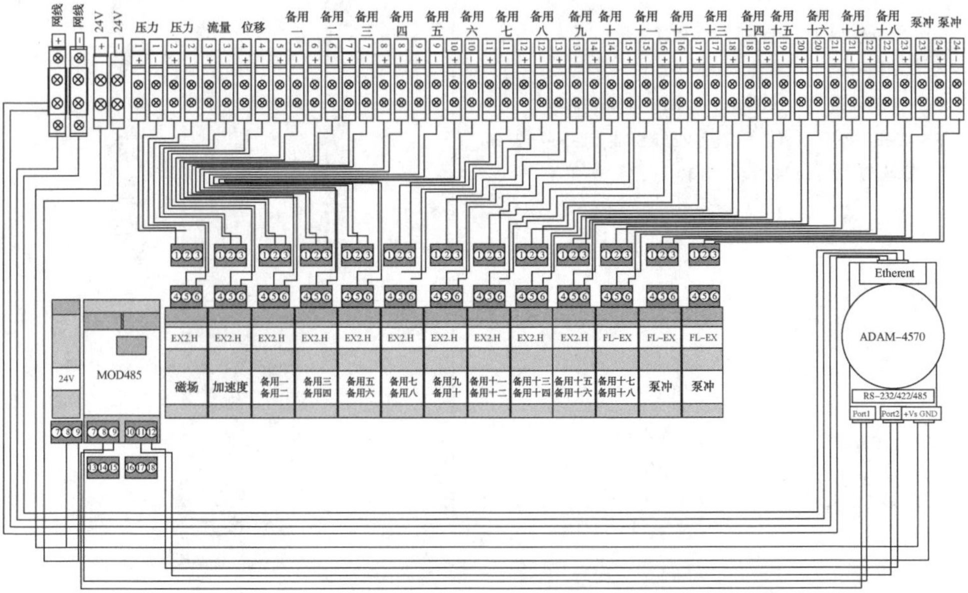

图 4-41　采集线路示意图

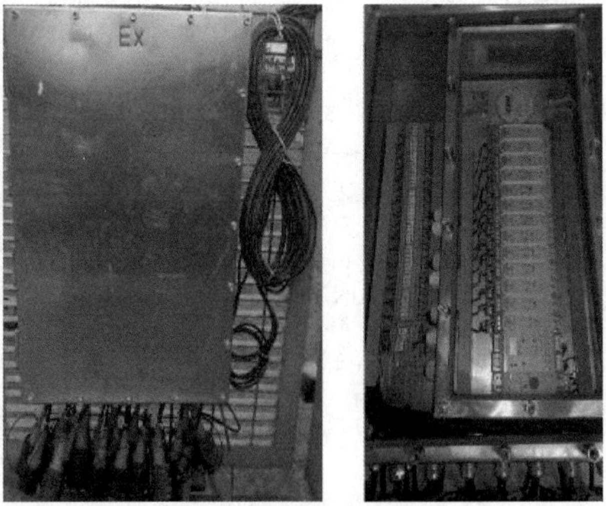

图 4-42　数据采集箱

参 考 文 献

[1] 邵佩．测斜仪误差校正方法的理论与实验研究[D]．武汉：武汉科技大学，2012.

[2] Zaiko A I，Ivanova G A. An Inclinometer System for Underground Spatial Orientation[J]．Measurement Techniques，2014，57(7)：812-817.

[3] 骆斌．无线随钻测量地面装置的设计与研究[D]．北京：北京工业大学，2010.

[4] 王斌．定向钻井测量仪器[M]．北京：石油工业出版社，1990：129-131.

[5] 薛忍霞．重力加速度计在倾斜度测量中的应用[J]．传感器技术，1998，17(2)：40-45.

[6] 王志伟．加速度计与磁通门在定向探管中的应用[J]．西部探矿工程，2018：26-28，30.

[7] 张学孚，陆怡良．磁通门技术[M]．北京：国防工业出版社，1995.

[8] 张玉波，孟耀华，魏春明，等．随钻测斜仪中传感器信号处理技术研究[J]．昆明理工大学学报(理工版)，2010，35(2)：72-73.

[9] Wen X，Cai H，Pan M，et al. Compensation of Measurement Error for Inclinometer Based on Neural Network[C]//International Conference on Intelligent Robotics and Applications. Springer，Berlin，Heidelberg，2009：463-473.

[10] Powell M J D．Radial Basis Functions for Multivariable Interpolation [M]．Clarendon Press，1987.

[11] 闻新，周露，王丹力，等．MATLAB 神经网络应用设计[M]．北京：科学出版社，2000，245-246.

[12] Broomhead D S，Lowe D．Multivariable Functional Interpolation and Adaptive Networks [J]．Complex Systems，1988，2(3)：321-355.

[13] Moody J，Darken C J. Fast Learning in Networks of Locally-Tuned Processing Units[J]．Neural Computation，1989，1(2)：281-294.

[14] Rovithakis G A．Robust neural adaptive stabilization of unknown systems withmeasurement noise[J]．IEEE Transactions on Systems Man & Cybernetics Part B Cybernetics，1999，29(3)：453-459.

[15] 荀尚峰．基于 RBF 型神经网络交流伺服速度控制器的研究[D]．哈尔滨：哈尔滨理工大学，2006.

[16] 王永骥，涂健．神经元网络控制[M]．北京：机械工业出版社，1998：78-85.

[17] Chen S，Cowan C F N．Orthogonal least squares learning algorithm for radial basis function networks[J]．IEEE Transactions on Neural Networks，1991，2(2)：302-309.

[18] 王丽艳，赵建辉，李帆．基于 RBF 神经网络的井眼方位角误差建模及补偿[J]．系统仿真学报，2007(17)：232-235.

[19] Frosio I，Pedersini F，Borghese N A．Autocalibration of MEMS Accelerometers[J]．IEEE Transactions on Instrumentation and Measurement，2009，58(6)：2034-2041.

[20] Yang W，Fang B，Tang Y Y，et al. A Robust Inclinometer System With Accurate Calibration of Tilt and Azimuth Angles[J]．IEEE Sensors Journal，2013，13(6)：2313-2321.

[21] Steihaug, Trond. The Conjugate Gradient Method and Trust Regions in Large Scale Optimization[J]. Siam Journal on Numerical Analysis, 1983, 20(3): 626-637.

[22] Gill P E, Saunders M M A . SNOPT: An SQP Algorithm for Large-Scale Constrained Optimization[J]. SIAM Review, 2005, 47(1): 99-131.

[23] 周桂文 . 高精度地磁定向磁场干扰修正技术研究[D]. 哈尔滨：哈尔滨工业大学，2019.

[24] 李致新 . 数显钻孔测斜仪校验台：CN200920300185. 2[P]. 2010-02-03.

[25] 赵映川 . 编码器原理与应用分析[J]. 无线互联科技，2018，015(022)：67-69，78.

[26] 姜义 . 光电编码器的原理与应用[J]. 机床电器，2010(02)：25-28.

5 随钻方位伽马成像技术

5.1 成像解释与地质导向的关系

5.1.1 利用伽马成像快速分析轨迹与地层位置关系

应用伽马成像功能，利用四方位、八方位甚至十六方位伽马数据进行颜色映射，用浅色代表低伽马值、深色代表高伽马值，能够直观快速地分析钻探工具与地层的相对位置关系，有效地进行轨迹解释[1]。地面工作人员可以根据成像图快速地作出响应措施，如果遇到钻具脱离储集层的时候可以快速地作出调整。下面是一些钻井工具与地层的不同位置的成像解释图。

(1) 利用方位伽马成像图判断轨迹下切地层/轨迹上切地层

如图 5-1 所示伽马成像图的中部(图中 *A* 点和 *C* 点)为下伽马，两头(*B* 点和 *D* 点)为上伽马。*A* 点最先发生颜色突变，颜色明显加深，说明伽马值突然增大，表明对应 *A* 点的井筒下方率先进入高放射性地层，*B* 点在 *A* 点之后发生颜色加深反应，说明对应 *B* 点的井筒上方部位后进入高放射性地层；表明钻探工具穿过砂泥岩边界进入了储层下部放射性较高的泥岩，这就是轨迹下切地层[2]。反之，如果 *B* 点率先变深，则说明井筒上方部位率先进入放射性较高的地层，钻探工具进入了储层上方的泥岩地层，则为轨迹上切地层[3]。

从图中还可看出，*AB* 弧和 *CD* 弧的变化方向一致，均为向左凹陷，*C* 点较 *D* 点成像颜色先变浅，所对应的井筒下方部分首先进入低放射性地层，表明钻井工具直接穿过了该泥岩层，如图中红线 1-2 所示。反之，若 *CD* 弧和 *AB* 弧方向相反，表明钻井工具进入该黏土岩层后，作出了轨迹调整操作，钻井工具回到了刚才的储层中，所以井筒上方伽马传感器才先进入低放射性地层，颜色先变浅。

(2) 利用方位伽马成像图判断井眼轨迹与地层夹角的大小

如图 5-2 所示，可以通过伽马成像图的变化边界的弧度大小判断钻井轨迹与地层夹角的大小。图中 *AB* 弧度较小，只用了很小的一段井深，井筒的顶部和底部就穿越了砂泥岩界面，而 *CD* 弧度较大，用了稍长的一段井深才穿过砂泥岩界面，证明 AB 段井的井斜角与地层倾角之间的夹角比 CD 段大[4]。

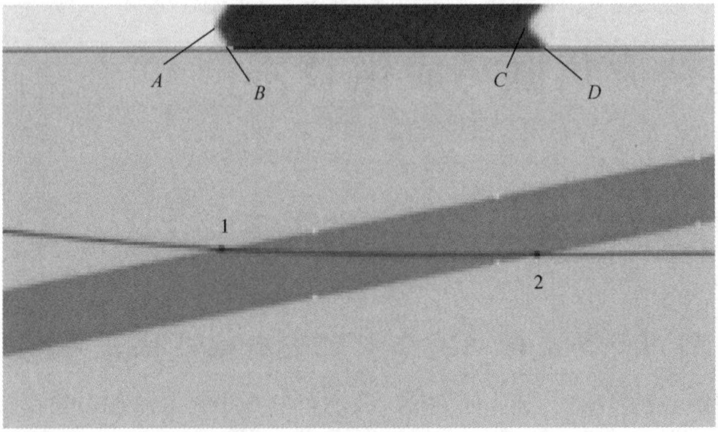

图 5-1　轨迹下切地层示意图[1]

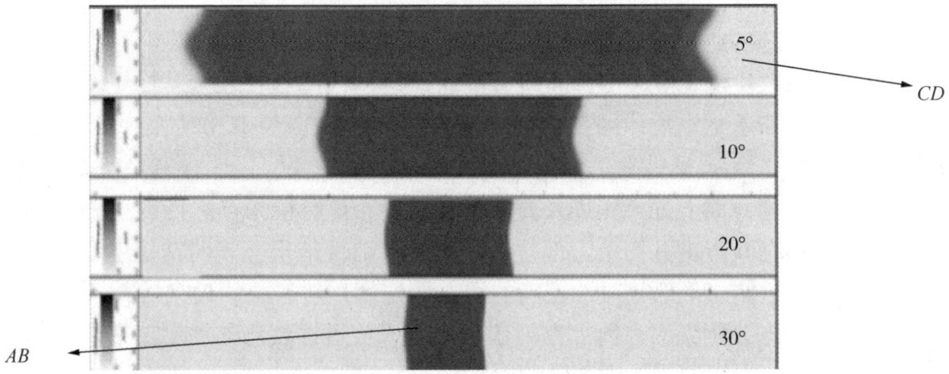

图 5-2　井斜角与地层夹角大小对比示意图[1]

5.1.2　拾取伽马成像计算地层倾角

通过伽马成像图像拾取视地层倾角，可以实时进行构造研究分析，为地质导向师提供快速决策的参考意见。通过在图上拾取轨迹顶底切入或切出伽马成像的图像边界，代入公式中计算出地层的视倾角[4]：

$$\alpha = \arctan[(D+2T)/\Delta d] + \beta - 90° \quad (5-1)$$

式中，α 为视地层倾角，(°)；D 为井径，m；T 为仪器探测范围，m；Δd 为上下伽马数值变化点的间距，m；β 为井斜角，(°)。

在利用伽马成像图拾取地层倾角技术出现之前，地面工程师一般是通过井眼轨迹穿过地层时的穿入点和穿出点计算或者是先修正地层模型再对修正后的地层测量倾角[5]。第一种方法需要先进入地层再退出地层才能获得计算因数，这会导致浪费一段工程量才能回到层中；而另一种方法需要工程师先修正地层，这需要地面工程师具备较丰富的经验和较高水准。

利用伽马成像计算地层倾角，当钻井轨迹到达某地层边界后，直接在成像图上测量变化的边界线，通过特定的计算公式便能计算出这段地层的视地层倾角。这种计量方式提升了分析速率，且计算结果比较准确，也可以快速找到钻回储层的有效角度以避免因角度判定失误导致二次出层，保证钻具在油气储层中的准确穿行率，也为地面工程师多提供了一种选择方式，不同方式之间还可以互相验证准确性[6]。

5.2 随钻方位伽马成像图像模型研究与建立

按照前面建立的技术路线与研究步骤，接下来将针对不同色彩空间状态模型进行分析，选出最适用于数字化图像处理的色彩模型，并在该色彩模型下完成方位伽马成像色谱设计，生成伽马数据的基础色谱条，并设计可将伽马数值映射成像的色度标定算法，建立完整的方位伽马成像图像模型。

5.2.1 方位伽马成像图像色彩模型优选

色彩模型的本质是描述色彩的一种方式，其作用是在一些通用的标准下对彩色加以说明，也可称作彩色模型或彩色空间。目前市面上的颜色模型大多数都是面向硬件或应用的，面向对象的不同使它产生了很多种类，例如多在显示器中应用的 RGB 颜色模型分别指光的三原色：红、绿、蓝，是基于物体发光定义的，而面向工业印刷应用的 CMY 色彩模型对应了绘画中的三原色：Cyan(青色)、Magenta(洋红色)、Yellow(黄色)，是基于光的反射而定义的；HSV、HSI 两个色彩模型都是从人视觉的直观反应而提出来的(H 是色调，S 是饱和度，I 是强度)[7]。

色彩模型从提出定义发展到现在已经有上百种类型，其中大部分都只是作出了细微的改变或者只专用于某一领域，例如 RGB 色彩模型常用于计算机显示，CMY 色彩模型专用于工业印刷，但是 RGB 颜色模型一般不应用于科研领域，因其难以对颜色的细节进行数字化的调整，所以 HSV、HSI 色彩模型应运而生，这都是为了更好地对颜色进行数字化处理而提出来的[8]。

5.2.1.1 RGB 色彩模型

RGB 色彩模型以红、绿、蓝三种基本颜色为基础，不同程度地叠加产生丰富而广泛的颜色。自然界中有无数种不同的颜色，而人眼只能分辨有限数量的不同颜色。RGB 模式可以代表超过 1600 万种不同的颜色[9]。RGB 的每个分量值都在计算机中用 8 位(bit)编程，可以生成 256 * 256 * 256 = 16777216 种颜色，常被称为“24 位真色”。

RGB 模型的原理来自三刺激色理论，三刺激色理论基于眼睛中央有三种对颜色敏感的视锥细胞的假设。一种对可见光谱中间的光波很敏感，这种光波被人类的视觉系统转换成绿色的感觉[10]；另外两种视锥细胞对可见光波上端和下端即长波和短波的光波很敏感，这两个光波分别被识别为红色和蓝色。从生理角度看，因为眼睛只包含三种不同类型的视锥细胞，这三种颜色中任意两种的组合都不能产生第三种颜色，则这三种颜色就被称为三原色。适当地混合三种颜色可以产生白光，所以 RGB 模式是加色过程。RGB 色彩模型基于颜色的加法混色原理(图 5-3)，从黑色不断叠加 Red、Green、Blue 的颜色，最终可以得到白色光。

将 R、G、B 三个分量作为坐标系中的 X、Y、Z 轴，就得到如图 5-4 所示的一种对于颜色的空间表示：

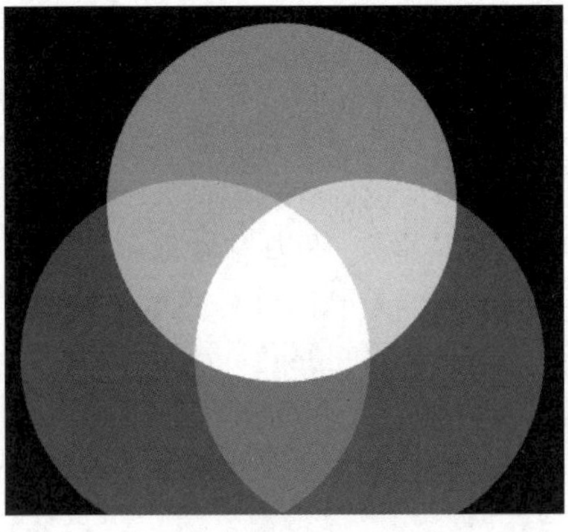

图 5-3　加法混色

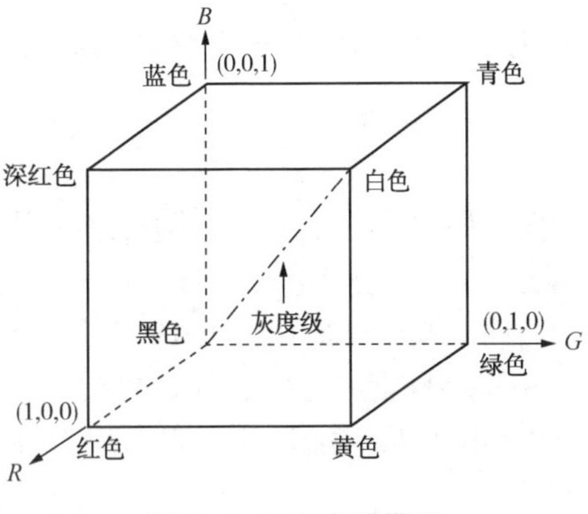

图 5-4　RGB 色彩模型

由 RGB 色度学规则可知：

(1) R、G、B 三种分量任意组合，产生的新颜色是唯一的[11]；

(2) 两个相同颜色的各分量值再作同样的数学运算也即乘除同一数值，产生的新颜色仍然相同；

(3) 每种颜色亮度值的和即为混合色的亮度值。

RGB 色彩模型最大的特点就是在显示系统内适用性强，多用于视频、多媒体和网页设计，直观且容易理解。但是存在以下不足：

(1) RGB 色彩模型中用三个分量的线性组合表示颜色，由于颜色的数学化表示不仅是一个值，这也使得对颜色的定量分析困难；

(2) 在 RGB 色彩模型中，每个分量的联系性太强，任意分量值的改变都会导致该色彩种类的变化；

(3) RGB 色彩模型的均匀性较差。人眼对 R、G、B 的敏感值各有不同。用欧氏距离衡量颜色的差异，误差较大。

5.2.1.2 CMY(CMYK)色彩模型

众所周知，我们看到的物体颜色是由物体反射部分光线到人眼中形成的。物体并不能将照射到身上的光线全部吸收，而是会反射一部分，这就是一种减色原理。在印刷行业通常使用的是这种减色模式，这也是其与 RGB 色彩空间的本质区别，它需要在白色上不断叠加另外 4 种基色：青色(C)、品红(M)、黄色(Y)、黑色(K)，根据每种基色的具体数值不同最终得到目标色[7]。如图 5-5 所示。

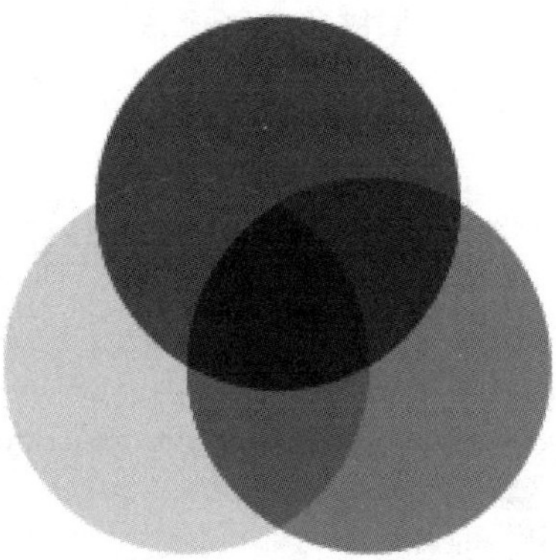

图 5-5　减法混色

CMYK 色彩模型中的颜色分量值和 RGB 色彩模型中的分量值可以通过线性变换相互转换。CMYK 模式的优缺点：

优点：能满足打印需求，解决 RGB 无法打印的问题；

缺点：色彩可能存在一定程度的缺失，运行速度慢。

5.2.1.3 HSI 色彩模型

HSI(色调-饱和度-强度/亮度)色彩模型(图 5-6)使用 H、S 和 I 三个分量来描述颜色：H-色调(Hue)，是表示颜色种类的主要因素；S-饱和度(Saturation)，表示颜色的鲜艳度，纯灰色的 S 值最小；I-亮度(Intensity)，用以表示颜色的明暗。

在 HSI 色彩模型的各分量中，值得注意的是 I(亮度)分量是一个相对主观的描述，与图像的彩色信息无关，实际很难测量[12]，而 H(色调)和 S(饱和度)分量却是密切相关的[13]。所以在该模型中可以把彩色图像中强度分量的影响消除，提取单独的色彩信息(色调和饱和度)，这奠定了 HSI 色彩模型在彩色图像处理

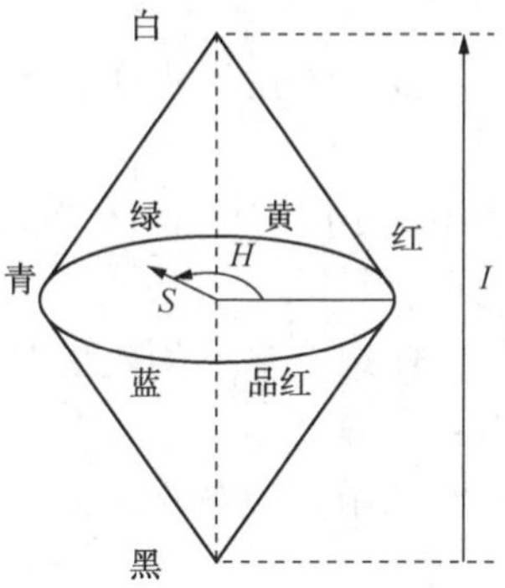

图 5-6 HSI 圆锥色彩模型

领域的地位。

HSI 色彩模型特点：

① 处理彩色图像可以只考虑 I 分量，并且不改变图像的颜色种类；

② HSI 色彩模型偏重于人眼对颜色的感知，所以适用于一些以人的视觉系统感知色彩信息的图像处理和显示系统中。

大量的算法可以方便地应用于图像处理和计算机视觉的 HSI 色彩模型中。其色彩分量可以单独处理，利于进行色彩的识别和处理，大大简化图像处理和分析过程中的工作强度，因此，下一节采用 HSI 色彩模型描述色彩[14]。

5.2.2 方位伽马成像色谱设计

为了便于观察，通常需要将伽马数值映射到一个色彩矩阵，然后根据伽马数值大小进行色彩深浅排列[15]。而用于颜色显示的色谱选择尤为重要，不同的工程设计需要观察的侧重点不同，应当从实际情况出发选择适合观测地层特征的色谱条[16]。在地质工程中一般深色表示高放射性地层，浅色表示低放射性地层，这样生成的伽马图像既符合地层的实际自然特征，也能对应行业常用的电阻率色彩关系。

在本节中，用于伽马成像的原色从浅到深依次是白色、黄色、橙色、褐色和黑色，并且在每个相邻原色之间设置等级为 64 的色谱带。上节介绍到本节需要采用利于进行图像数字化处理的 HSI 色彩模型，但由于目前图像大多以 RGB 颜色模式在计算机内存储，所以需要在 HSI 和 RGB 色彩模型之间进行转换，才能实现在 HSI 模式下对几种原色进行线性插值，形成一条 256 色的成像色谱带[17]。

本文采用 RGB－HSI 对应关系更加准确的坐标变换法。坐标变换法是 Castleman 等基于 RGB 立方体通过直角坐标系的旋转求出转换矩阵，并与极坐标系进行转换最终得出转换公式，其色彩模型转换关系[18]为

$$H=\begin{cases}\theta, & G\geqslant B\\ \pi+\theta, & G<B\end{cases},\quad \theta=\frac{\pi}{2}-\tan^{-1}\left(\frac{2R-G-B}{\sqrt{3}(G-B)}\right) \tag{5-2}$$

$$S=\frac{2}{\sqrt{6}}\times\sqrt{(R-G)^2+(R-B)(G-B)} \tag{5-3}$$

$$I=\frac{R+G+B}{\sqrt{3}} \tag{5-4}$$

式中的 R、G、B 在计算前均归一化至[0，1]区间。

通过 HSI 与 RGB 色彩模型的相互转换，在 HSI 色彩模型对这五种原色进行插值的等级划分得到 256 色的成像色谱条见图 5-7。

图 5-7　方位伽马图像色谱条

5.2.3　方位伽马图像的色度标定

色度标定是指将需要表征为颜色图像的数值进行测定，完成该数值和颜色数值的某种映射关系，然后根据该映射关系完成颜色的标示。

5.2.3.1　静态色度标定

在整个成像井段内，对伽马值进行映射成像叫作静态色度标定。具体的实现方法是：通过一定方法对井下原始方位伽马进行处理，产生可以进行伽马成像的二次伽马数据，再按照设定的方法对二次伽马数据从最大值到最小值进行颜色的映射，以保证整个井段的方位伽马图像颜色的深浅特征与伽马测量值的特征保持一致，这能很好地看出整个井段内伽马数据在纵向(深度)和横向(方位)上变化的趋势[16-17]。

静态色度标定的适用对象是较大范围内的图像显示，本文用其来进行全井段内地层放射性的对比观察，优缺点并存，能够反映所钻遇地层放射性强弱的整体变化趋势，但是局部清晰度不高。静态色度标定步骤为：

(1) 得到整个绘图井段内各扇区伽马测量数据，并按照需要进行二次处理，整理出数据处理后的最大值 γ_{max} 和最小值 γ_{min}；

(2) 将二次伽马数值的最大值和最小值 γ_{max}、γ_{min} 与色谱带的最大值和最小值 C_{max}、C_{min} 一一对应，计算出色谱刻度系数 K 和色标值：

$$K=\frac{C_{max}-C_{min}}{\gamma_{max}-\gamma_{min}} \tag{5-5}$$

$$V_{min}=C_{min}-\gamma_{min}\cdot K \tag{5-6}$$

(3) 将伽马数值映射为色标值，进而完成静态色度标定

$$V_{pixel}=\gamma_i\cdot K+V_{min} \tag{5-7}$$

式中，K 为刻度系数；$V_{\min}$ 为 $\gamma_{\min}$ 对应的色标值；V_{pixel} 为映射的色标值；γ_i 为伽马值。

经过静态色度标定后产生的全井段伽马图像如图 5-8 所示：

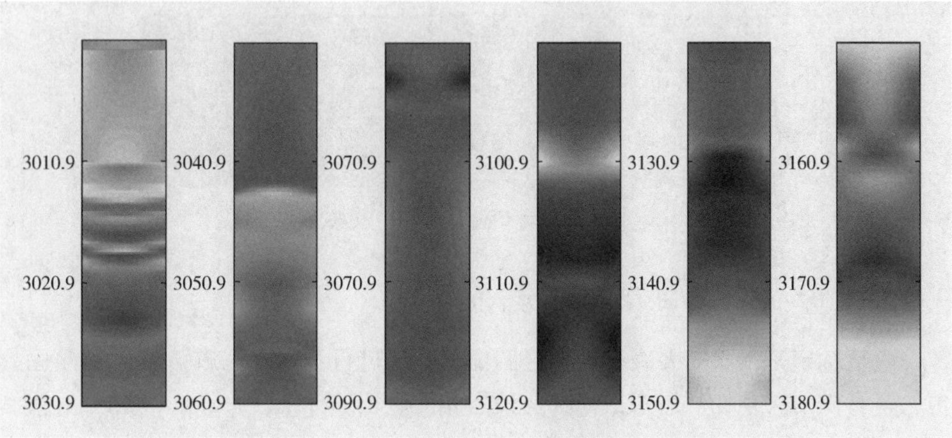

图 5-8　全井段静态标定图像

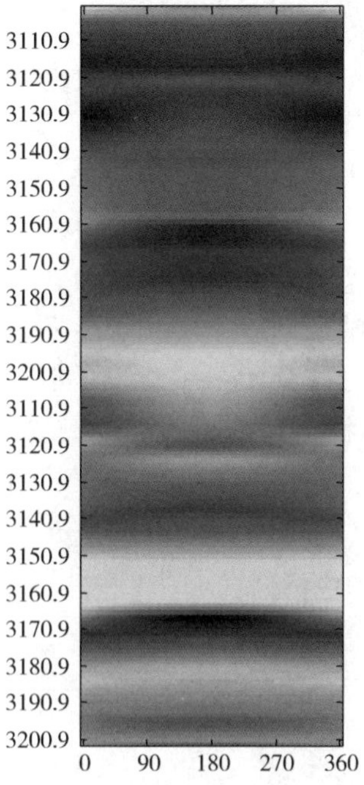

图 5-9　方位伽马动态色度标定图像

5.2.3.2　动态色度标定

当遇到某局部深度区间内伽马数据变化较大时，继续采用静态标示的方法难以进行详细的观察，因为此时局部特征不明显，此时应该采用动态色度标定方法更为可靠。

动态色度标定是在特定深度区间内进行的静态色度标定，通常需要局部滑动窗口长度和一个移动步长。首先定义好滑动窗口长度，在这个长度内进行静态色度标定，还需设置特定的步长，按照步长将窗口上移或下移，重复进行静态色度标定操作，直到整个绘图井段伽马数值标示完毕[16]。一般情况下为了保证伽马成像测量图像的连续性，所选择的步长通常小于窗口长度，使得相邻窗口之间存在部分重叠。

经过动态标定的随钻方位伽马图像(图 5-9)虽然失去了全井段伽马数据的

整体变化趋势信息，但使特定深度间距的井段伽马数值变化特征更为清晰，从而能更精确地识别一些细微的地质现象，分析地层特征。

5.3 方位伽马数据采样模型的构建与图像仿真

前面研究建立了完整的方位伽马数值映射图像模型，接下来将针对图像形成过程中的影响因素加以分析和改进，使方位伽马数值映射图像以最优化的方式展示出来。具体表现为对数据传输过程中和数据分析利用前的数据处理方法展开探究，并针对图像形成后的质量加以优化，尽可能地保持原始数据的特征性且能使图像特征最大化展现。

5.3.1 随钻方位伽马数据处理

由于钻井平台环境因素及数据传输速率影响等，从井底采集而来的实时方位伽马数据很可能出现数据缺失、存在噪声等问题，为了尽可能地还原钻井过程中的实际情况，所以需要对采集的实时方位伽马数据进行数据处理以获得更准确有效的数据进行后续计算分析。

5.3.1.1 数据预处理

采集存储到数据库里的数据，往往都是存在缺陷的，比如在数据采集传输过程中丢失的数据，或者造成的一些数据的异常等，这种数据在使用前必须进行预先处理。对于缺失的数据，要想办法使用数据插补的方法进行填充，并且使填充的数据尽可能地接近真实值；对于异常数据，也要有针对性地剔除或者替换。数据预处理使得模型具有优越性，提高了模型的鲁棒性和一致性。

(1) 数据缺失的处理

缺失数据的填充通常有以下几种方式：均值插补、随机插补、回归插补等，分别如下所述[19]。

① 均值插补。

单一均值插补是计算每类缺失数据中已有的完整数据(回答单元)的平均值，然后将每类数据的平均值分别作为该类数据缺失项的插值填充进去，由于回答单元只能计算出一个平均值，因此称为单一均值插值[20]。插补值为：

$$\overline{m_1} = \frac{\sum_{i=1}^{k} e_i \cdot m_i}{k_1} \tag{5-8}$$

式中，e_i 为示性变量，$e_i=1$ 是有回答；$e_i=0$ 是无回答；k_1 为回答单元数；m_i 为该项数据值，$i=1$，2，…，k。

此时，总体的均值估计为：

$$\hat{M} = \frac{1}{k}\sum_{i=1}^{k}\left[e_i m_i + (1-e_i)\,\overline{m_1}\right] = \frac{k_1}{k}\overline{m_1} + \frac{k-k_1}{k}\overline{m_1} = \overline{m_1} \tag{5-9}$$

而插补后的样本方差为：

$$s^2 = \frac{1}{k-1}\sum_{i=1}^{k}\left[e_i\,(m_i-\hat{M})^2 + (1-e_i)\,(\overline{m_1}-\hat{M})^2\right] = \frac{k_1-1}{k-1}s_1^2 \tag{5-10}$$

式中，k_1 为回答单元数；$s_1{}^2$ 为回答单元的样本方差。

② 随机插补。

随机插补是从该类缺失数据的已有数据值中随机抽取一些值进行填充，使得采样的数据更接近于真实分布，这是为了弥补均值插补的方法中选取样本值过于集中的缺点。

设需要进行插补的该类数据的数值总数为 k，其中已有数据值的个数为 k_i，缺失数据值的个数为 k_0，$k_i>k_0$，$k=k_i+k_0$。随机插补即是从这 k_i 个已有数据中随机抽取 k_0 个值作为替代值来填补缺失的数值，插补后估计量 $\hat{M}$ 的方差为：

$$Var(\hat{M}) = s^2\{1+2k_0[(1+k_i)k-1]/k(k_i+1)\}/k \tag{5-11}$$

随机插补也可按照特定属性首先对该类数据进行分级，然后依次在各级内随机抽取一些替代值进行填充，会得到更好的插补效果[21]。

③ 回归插补。

回归插补的基本步骤是：

A. 在数据比较集中的区域把样本数据群进行划分，划分的标准是数据是否有缺失，有缺失数值的进入完整数据集 M_{com}，数据完整无缺失的进入 M_{mis}；

B. 在完整数据集 M_{com} 中建立缺失数值 S 关于辅助变量 $x_i(i=1, 2, \cdots, m)$ 的回归模型，

C. 利用回归模型预测缺失变量 S 的值。

第 n 个缺失数值的预测值为：

$$S_n = \beta_0 + \sum_{i=1}^{m}\beta_i x_{ni} + e_i \tag{5-12}$$

式中，β_i 为回归系数。

如果辅助变量中出现名义变量，可以引入虚拟变量作进一步处理。如果目标变量是定性变量，需要进行 Logistic 线性回归。如果坚持用回归插补，需要注意 e_i 的处理，经过回归模型预测，缺失变量 S 的估计值为：

$$\hat{S}_n = \hat{\beta}_0 + \sum_{i=1}^{m} \beta_i x_{ni} \tag{5-13}$$

如果辅助变量 $x_i(i=1, 2, \cdots, m)$ 相同，那么预测值 $\hat{S}_n$ 也是相同的，这点同单一均值插补一样，容易造成数据扭曲分布，因此还有必要为 $\hat{S}_n$ 建立一个随机残差项，将其和作为缺失值最终的插补值[21]，即：

$$S_n = \hat{S}_n + e \tag{5-14}$$

式中，e 为随机残差项。

以上是三种最常用的数据填充方法，本节考虑到随钻方位伽马值可能是一种在某些深度点数值变化跨度较大的数据，这种情况下表示钻具即将钻出储层。所以，对于伽马数值的插补有两种方式：在趋势特征变化不明显即伽马缺失值周围数值大小相差不明显时，可综合考虑上述三种插补方式进行填充；在趋势特征变化较明显的阶段，根据缺失位置前、后方位伽马数值变化趋势对缺失数据进行单一均值插补。

5.3.1.2 伽马数据质量控制算法

钻井过程中地层变化位置用深度标识，用以表征地层变化的钻井数据属于深度序列数据，由于受地层属性和测量环境影响，深度序列可以被想象成趋势和噪声的组合。趋势是钻井测量参数对于地层变化的真实表达，数据序列的前后顺序表示了趋势变化情况，而噪声是由于系统误差或环境影响导致的数据失真，序列数据的幅值变化受噪声影响。由于井下环境和数据传输过程中的影响，导致随钻伽马数据存在较大噪声。为了防止噪声数据在分析利用过程中增大误差，需要研究钻井序列数据质量控制算法，实现对钻井数据噪声有效控制。

为了消除原始数据噪声影响，同时不损失原始数据趋势特征，研究了一种基于加权平均的钻井序列数据质量控制算法[22-26]：

第一步：选择输入序列数据源(x, y)，对其进行编号(x_i, y_i)，$i=1, 2, 3, \cdots, n$；

第二步：以 x_t 为中心向前后截取一段长度为 N 的数据，对于该段数据用权值函数 w 做一个加权平均：

$$f(\hat{x}_t)=\frac{\sum_{i=t-N}^{i=t+N}K_\lambda(x_t,\ x_i)y_i}{\sum_{i=t-N}^{i=t+N}K_\lambda(x_t,\ x_i)} \tag{5-15}$$

第三步：计算加权核值：

$$K_\lambda(x_t,\ x_i)=D\left(\frac{|x_t-x_i|}{\lambda}\right) \tag{5-16}$$

$$D(\mu)=\begin{cases}\frac{3}{4}(1-\mu^2), & |\mu|<1\\ 0, & |\mu|\geqslant 1\end{cases} \tag{5-17}$$

$$\lambda=|x_t-x_{[k]}| \tag{5-18}$$

式中，μ 为示量，指代$\frac{|x_t-x_i|}{\lambda}$；$\lambda$ 为加权核的参数，只考虑最近的 k 个点影响，$x_{[k]}$为距离 x_t 第 k 近的点；

第四步：在用$\hat{x}_t$替换原有 x_t，对于所有的 n 个数据点重复上述步骤。

本节选取某油区标准地层剖面钻井数据为研究对象，如图 5-10 所示，显示了随钻伽马数据经过质量控制算法处理后趋势特征与原始数据的对比，可以看出相比原始数据而言，经过处理后的钻井数据噪声得到了有效控制，同时保留了数据变化的原始趋势特征，解决了钻井数据测量中系统误差或环境影响的难题，利用处理后的钻井数据进行成像才能对地层特征实现有效而全面的提取。

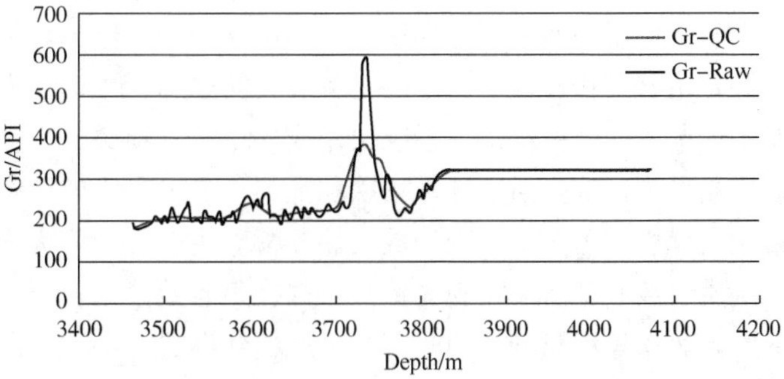

图 5-10　钻井 Gr 数据经过质量控制后趋势特征与原始数据对比

5.3.2　数据采样插值方法

由于井下数据的传输速率限制，如果对井下 360°全方位信息进行逐一采集，则会导致数据量过大，传输效率和数据准确度都会受到影响，因此需要将获得的有限个伽马数据点进行处理，以最大限度地真实反映井下全方位的地层状况。本文采用的方法是数据插值技术，对不同深度点上分散的各个伽马数值进行插值处理，把每个深度点上测量的一组伽马数据(以八扇区和四扇区为例进行说明)作为一个数据区间进行插值，获得井周连续方位伽马曲线。

当只知道函数在一些节点的位置却不知道函数具体的表达式时，我们可以利用代数插值方法给出函数的近似形式，从而求得在其他一些未知点的函数值。这与上面所谈到的需要从各扇区伽马值获得井下360°的全方位伽马值情况类似，所以本节可以采取数据插值的方法去获得所需要的数据。

常用的插值方法有：牛顿插值、埃米尔特插值、分段线性插值、三次样条插值等。

5.3.2.1 线性插值

插值函数为一次多项式的插值方式称为线性插值，其插值节点上的数值与给出的实际数值一致。在图片上，我们利用线性插值的算法，可以减少图片的锯齿，及图片模糊的情况。

线性插值较其他插值方式更为快捷、简单，因此对于数据处理量较大同时对数值精度要求不十分苛刻的计算是最佳选择。如图5-11是它的几何意义示意图，可以概括为利用过A点和B点的直线来近似表示原函数，A点和B点即为已知的插值节点。线性插值可作为原函数的近似代替函数，也可以用以计算得到原函数中缺失的某些具体数值的近似值。

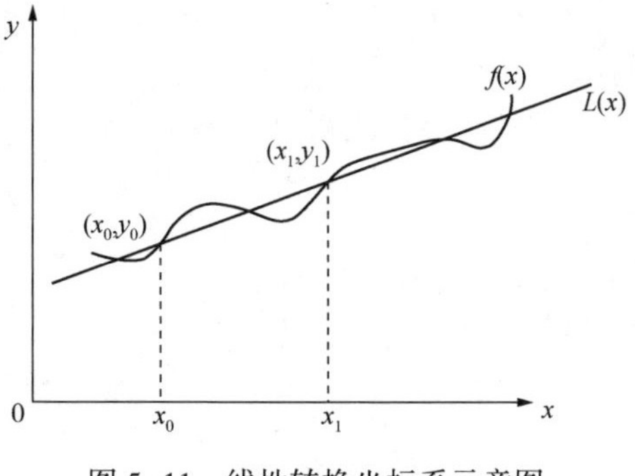

图5-11 线性转换坐标系示意图

如图5-11中所示，设函数 $y=f(x)$ 在两点 x_0，x_1 上的值分别为 y_0，y_1，求多项式 $y=\varphi_1(x)=a_0+a_1x$，使满足 $\varphi_1(x_0)=y_0$，$\varphi_1(x_1)=y_1$。

由解析几何可知：

$$y=\varphi_1(x)=y_0+\frac{y_1-y_0}{x_1-x_0}(x-x_0) \tag{5-19}$$

称$\frac{f(x_j)-f(x_i)}{x_j-x_i}$为$f(x)$在$x_i$、$x_j$处的一阶均差，记为$f(x_i, x_j)$。

于是，得：

$$\varphi_1(x)=f(x_0)+f(x_0, x_1)(x-x_0) \tag{5-20}$$

如果按照y_0、y_1整理，则

$$\varphi_1(x)=\frac{x-x_1}{x_0-x_1}y_0+\frac{x-x_1}{x_0-x_1}y_1 \tag{5-21}$$

以上插值多项式为一次多项式，这种插值称为线性插值。

5.3.2.2 牛顿插值

牛顿插值公式(Newton interpolation formula)是代数插值方法的一种形式。牛顿插值引入了差商的概念，使其在插值节点增加时便于计算。

牛顿插值作为一种常用的数值插值方法，它的计算过程也较为简洁，可用于大量插值点的计算，且具有逻辑清楚，便于编程计算的特点。尤其是针对试验中经常出现只能测量得到离散数据点的情况，或者只能用数值解表示某对应关系之时，可以使用牛顿插值公式，对离散点进行拟合，得到较为准确的其他点的函数解析值。

设函数$f(x)$，已知其$n+1$个插值节点为(x_i, y_i)，$i=1, 2, 3, \cdots, n$，我们定义：

$f(x)$在x_i的零阶差商为$f(x_i)$；$f(x)$在点x_i与x_j的一阶差商为：

$$f(x_i, x_j)=\frac{f(x_j)-f(x_i)}{x_j-x_i} \tag{5-22}$$

$f(x)$在点x_i、x_j、x_k的二阶差商为：

$$f(x_i, x_j, x_k)=\frac{f(x_j, x_k)-f(x_i, x_j)}{x_k-x_i} \tag{5-23}$$

一般地，$f(x)$在点$x_0, x_1, \cdots, x_k$的k阶差商为：

$$f(x_0, x_1, \cdots, x_k)=\frac{f(x_1, x_2, \cdots, x_k)-f(x_0, x_1, \cdots, x_{k-1})}{x_k-x_0} \tag{5-24}$$

可将k阶差商$f(x_0, x_1, \cdots, x_k)$表示为函数值$f(x_0), f(x_1), \cdots, f(x_k)$的组合：

$$f(x_0, x_1, \cdots, x_k) = \sum_{i=0}^{k} \frac{f(x_i)}{\prod_{j=0, j\neq i}^{k}(x_i - x_j)} \tag{5-25}$$

先写出$f(x)$的各阶差商：

$$f(x, x_0)=\frac{f(x_0)-f(x)}{x_0-x} \tag{5-26}$$

$$f(x, x_0, x_1)=\frac{f(x_0, x_1)-f(x, x_0)}{x_1-x} \tag{5-27}$$

$$\vdots$$

$$f(x, x_0, x_1, \cdots, x_n)=\frac{f(x_0, x_1, \cdots, x_n)-f(x, x_0, x_1, \cdots, x_{n-1})}{x_n-x} \tag{5-28}$$

分别变形可得：

$$f(x)=f(x_0)+(x-x_0)f(x, x_0) \tag{5-29}$$

$$f(x, x_0)=f(x_0, x_1)+(x-x_1)f(x, x_0, x_1) \tag{5-30}$$

$$\vdots$$

$$f(x, x_0, \cdots, x_n)=f(x_0, x_1, \cdots, x_n)+(x-x_n)f(x, x_0, \cdots, x_n) \tag{5-31}$$

依次代入，可得牛顿插值公式：

$$\begin{aligned}f(x)=&f(x_0)+(x-x_0)f(x, x_0)+(x-x_0)(x-x_1)f(x_0, x_1, x_2)+\cdots\\&+(x-x_0)(x-x_1)\cdots(x-x_n)f(x_0, x_1, \cdots, x_n)\end{aligned} \tag{5-32}$$

可记为：$f(x)=N_n(x)+R_n(x)$，其中，$R_n(x)$为牛顿插值公式的余项或截断误差，当n趋于无穷大时为零。

5.3.2.3 三次样条插值

按照三次样条函数的定义，设有$n+1$个点$B_i(x_i, y_i)$，$i=0, 1, \cdots, n$，且有$0<x_1<x_2<\cdots<x_n$，若函数$S_{(x)}$满足条件：

$S_{(x_i)}=y_i$，$i=0, 1, \cdots, n$；

在区间$[x_0, x_n]$，$S_{(x)}$具有二阶连续导数；

在每个子区间$[x_{i-1}, x_i]$，$S_{(x)}$是x的三次多项式；

则称$S_{(x)}$为关于节点B_0，B_1，…，B_n的三次样条函数。由于根据三次样条函数插值条件与样条条件导出的求解方程组中只有$n-1$个条件方程，却包含有$n+1$个待定系数，因此还缺少2个方程。

这2个方程通常利用端点处的以下3种边界条件得到：

① 利用端点处一阶导数$S'_{(x_0)}=y'_0$，$S'_{(x_n)}=y'n$；

② 利用端点处二阶导数$M_0=y''_0$，$M_n=y''_n$；

③ 满足周期条件 $y_0=y_n$，$y'_0=y'_n$，$y''_0=y''_n$。

由于方位伽马测量数据是井周 0°~360°方位角对应的扇区数据，因此采用第3类周期样条插值函数来进行计算。将不同扇区伽马测量值与对应方位角构成节点 $B_i=(r_i,\ \theta_i)$，$i=0,\ 1,\ \cdots,\ n$，并且 $r_n=r_0$，$\theta_n=\theta_0+2\pi$。

式中，r_i 为节点 B_i 的伽马测量值；θ_i 为节点 B_i 对应的方位角；

则此 $n+1$ 个节点满足 $\theta_0<\theta_1<\cdots<\theta_n$，再按周期条件补充方程即可实现不同方位插值点处伽马值的计算。

利用节点$(r_0,\ \theta_0)$，$(r_1,\ \theta_1)$，$\cdots$，$(r_n,\ \theta_n)$，并且补充方程 $r'_0=r'_n$，$r''_0=r''_n$(即 $M_0=M_n$)，利用周期边界条件的三次样条函数插值就可以分段求出样条函数 $r_{(\theta)}$ 值，即插值点处的伽马值。

5.3.3 方位伽马数据的数据插值方法仿真分析

本节将对上述提到的数据插值方法进行对比仿真分析，通过对比不同插值方式特点和效果，选用最准确有效的插值方法以获取井周全方位伽马数据。

5.3.3.1 基于四扇区方位伽马数据的插值方法仿真分析

四扇区方位伽马数据记录的是来自上、下、左、右 4 个方位的地层伽马射线强度值(单位：API)。表 5-1 是四扇区方位伽马实时数据采集的记录。

表 5-1 4 扇区方位伽马实时数据采集记录表

深度/m	上(0°)	右(90°)	下(180°)	左(270°)	上(360°)
3001.0	313.5332	332.2699	275.3321	331.6575	313.5332
3001.1	313.0267	331.5417	274.503	329.9494	313.0267
3001.2	312.5213	330.8151	273.6759	329.2429	312.5213
3001.3	312.0148	330.0867	272.8467	328.5347	312.0148
3001.4	311.5094	329.3602	272.0196	327.8283	311.5094
3001.5	311.0028	328.6318	271.1905	327.1201	311.0028

表 5-1 中上、下分别对应井周 0°(360°)和 180°方位伽马数据，左、右分别对应 90°和 270°的方位伽马数据。

按照选定的插值算法进行编程计算，将某一深度点的四扇区方位伽马数值作为样本值，样本点数为5、插值点数为361作为输入参数，输出的函数值数列即为插值得到的所有伽马数值。这里选择深度点为3001.0m的四扇区方位伽马数据作为样本对其离散的5个数据值(0°和360°数据重合)进行一维插值，以描述井下360°全方位伽马值变化情况。

(1) 线性插值仿真分析

选取深度3001.0m的方位伽马数据作为样本点数据，经过线性插值技术每1°一插值，可得到下述插值结果：

如图5-12所示可以看出线性插值样本点处拐点明显，曲线明显不平滑。

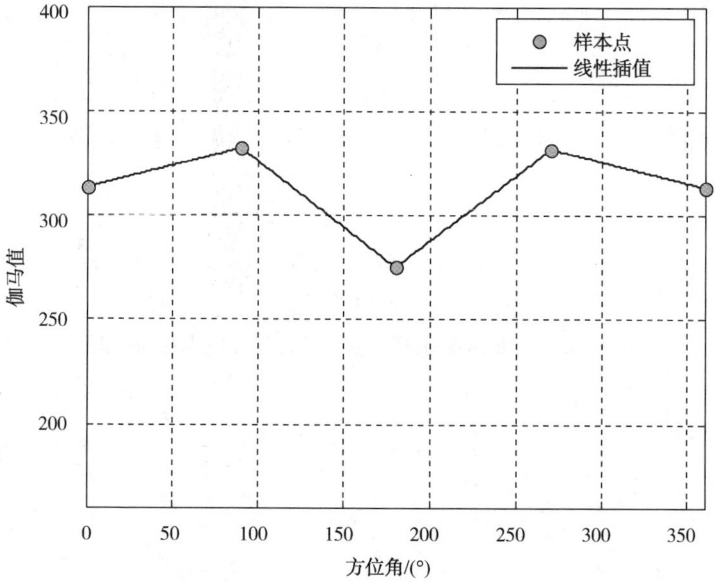

图5-12　四扇区线性插值获得的井周方位伽马曲线图

(2) 牛顿插值仿真分析

选取深度3001.0m的方位伽马数据作为样本点数据，经过牛顿插值技术每1°一插值，可得到如图5-13所示的四扇区牛顿插值获得的井周方位伽马曲线图。

(3) 三次样条插值仿真分析

选取同样深度3001.00m的方位伽马数据作为样本点数据，经过三次样条插值技术每1°一插值，可得到下述插值结果，如图5-14所示。

由牛顿仿真分析和三次样条仿真分析结果看，四扇区方位伽马插值出来的曲线较线性插值连续且光滑，且三次样条插值能保证在数据区间上一阶导数平滑和二阶导数连续，从而使得每个深度点上的数值都具有较好的相关性。

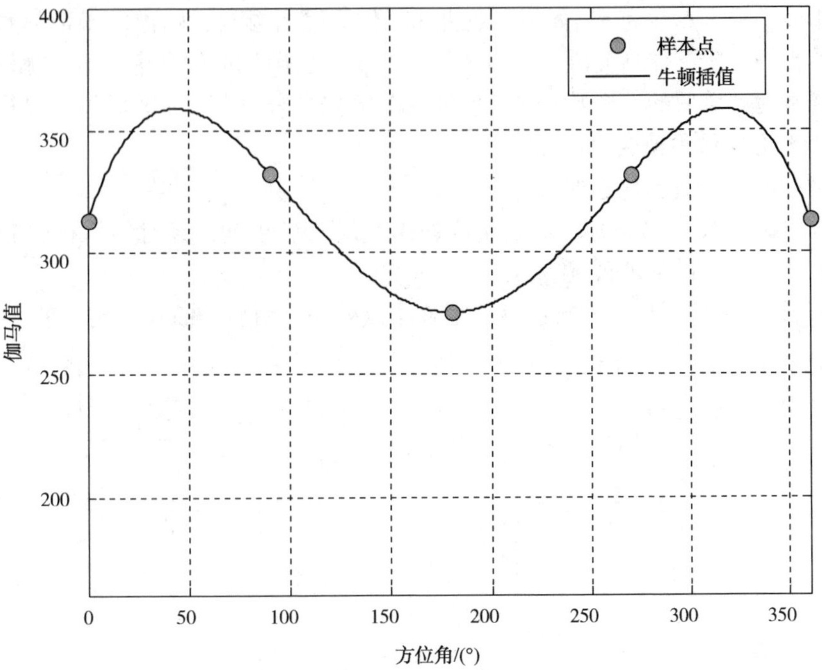

图 5-13　四扇区牛顿插值获得的井周方位伽马曲线图

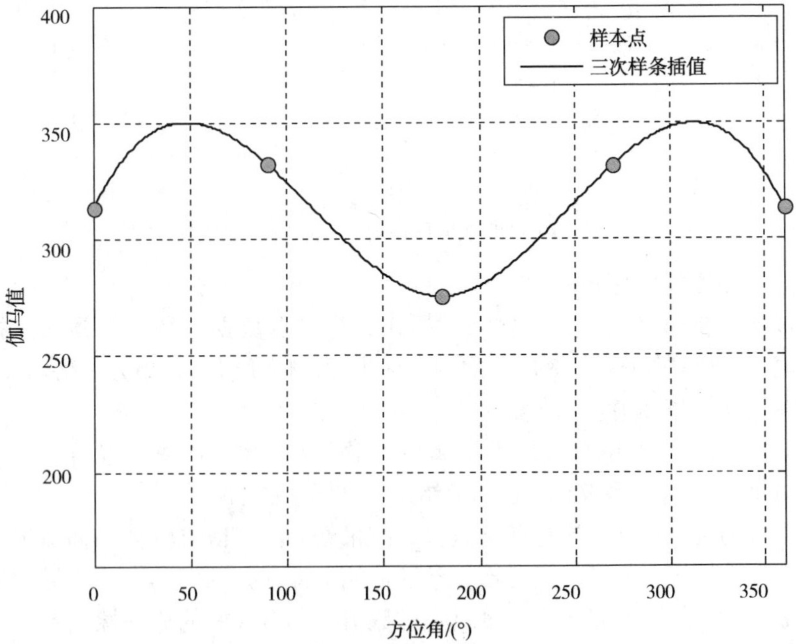

图 5-14　四扇区三次样条插值获得的井周方位伽马曲线图

5.3.3.2 基于八扇区方位伽马数据的插值方法仿真

八扇区方位伽马数据记录的是来自 0°、45°、90°、135°、180°、225°、270°、315°、360°等 8 个方位的地层伽马射线强度值(单位：API)。表 5-2 是八扇区方位伽马实时数据采集记录表。

表 5-2 八扇区方位伽马实时数据采集记录表

深度/m	0°	45°	90°	135°	180°	225°	270°	315°	360°
3001.0	313.533	349.964	332.269	296.334	275.332	294.432	331.657	349.576	313.533
3001.1	313.026	349.423	331.541	295.873	274.503	293.592	329.949	348.017	313.026
3001.2	312.521	348.563	330.815	295.015	273.675	292.971	329.242	347.053	312.521
3001.3	312.014	347.986	330.086	294.764	272.846	291.986	328.534	346.679	312.014
3001.4	311.5094	347.024	329.3602	296.983	272.019	291.021	327.828	345.271	311.509
3001.5	311.0028	346.537	328.6318	295.047	271.190	290.878	327.120	344.895	311.002

按照选定的插值算法进行编程计算，将某一深度点的八扇区方位伽马数值作为样本值、样本点数为 9、插值点数为 361 作为输入参数，输出的函数值数列即为插值得到的所有伽马数值。这里选择深度点为 3001.0m 的八扇区方位伽马数据作为样本对其离散的 9 个数据值(0°和 360°数据重合)进行一维插值，以描述井下 360°全方位伽马值变化情况。

(1) 线性插值仿真分析

选取深度 3001.0m 的方位伽马数据作为样本点数据，经过线性插值技术每 1°一插值，可得到下述插值结果，如图 5-15 所示。

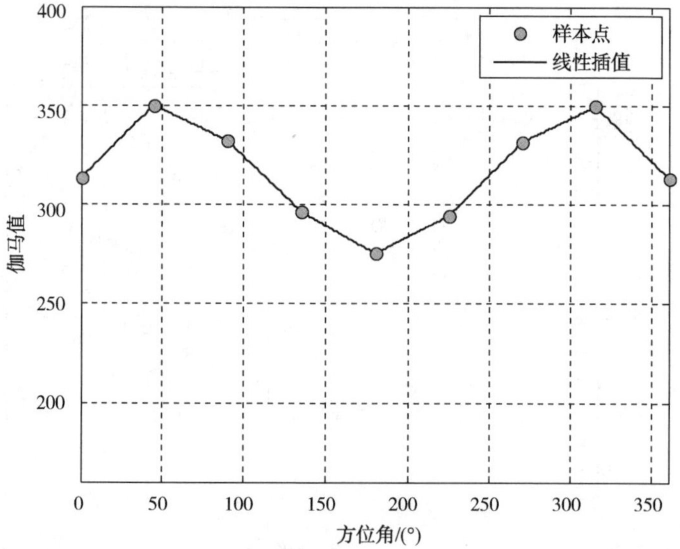

图 5-15 八扇区线性插值获得的井周方位伽马曲线图

(2) 牛顿插值仿真分析

选取深度 3001.0m 的方位伽马数据作为样本点数据，经过牛顿插值技术每 1°一插值，可得到下述插值结果，如图 5-16 所示。

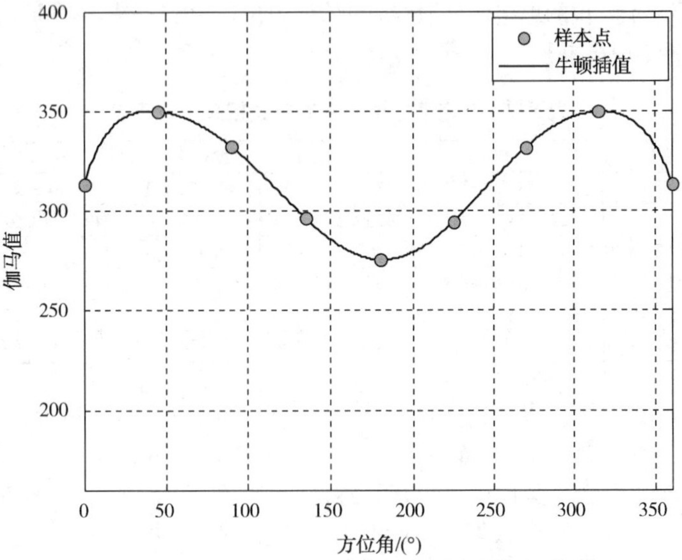

图 5-16　八扇区牛顿插值获得的井周方位伽马曲线图

(3) 三次样条插值仿真分析

选取同样深度 3001.0m 的方位伽马数据作为样本点数据，经过三次样条插值技术每 1°一插值，可得到下述插值结果，如图 5-17 所示。

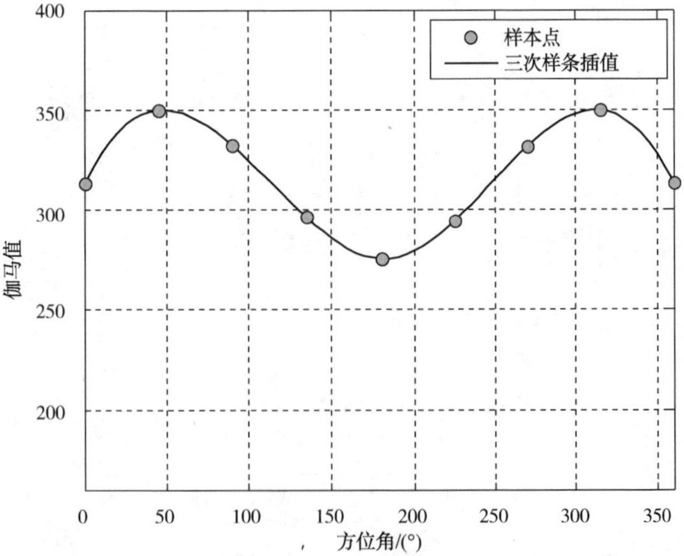

图 5-17　八扇区三次样条插值获得的井周方位伽马曲线图

综上，对于四扇区方位伽马和八扇区方位伽马数据插值而言，三次样条插值与牛顿多项式插值的插值误差小于线性插值，而且插值曲线平滑性更好，同时使用样条插值会比使用高阶多项式更容易评估，既不会受到龙格现象的影响，又能保证其插值数据和导数都是连续的，同时能使每个插值点数据具备良好的相关性。因此在本文中选用三次样条插值法进行井周全方位伽马值的获取。

5.3.4 随钻方位伽马图像生成与显示

根据选定的插值算法进行编程，将原始伽马数据按照深度排列成伽马数据阵 X，然后逐一调用离散的 4 个或 8 个伽马值每隔 1°进行数据插值，获得 360°全向伽马值[22]。将插值后的伽马数据按照坐标深度排列在另一个井下全向伽马数据矩阵中，再用颜色矩阵标示井下全向伽马数据。为了获得最佳的视觉效果，突出地下岩层信息，有必要根据地质成像特征查找彩色表，本文采用符合地层特征的自定义色谱条，它是通过对相邻的两个原色之间用 64 级的线性插值得到的，采用的原色是白、橙、黄、褐、黑这 5 种颜色。为了更适合人们的视觉特征，通常使用由色相、饱和度和强度组成的 HSI 色彩空间描述色彩。

该色谱的颜色由白色平滑过渡到黄色、橙色、褐色，最后到黑色，低伽马值用浅色，高伽马值用深色表示。定义好色谱后，将色谱颜色矩阵中数值与井下全向伽马数据矩阵中的数值，根据大小进行映射，从而完成色度标定，将不同伽马数值对应不同颜色，初步生成随钻方位伽马图像。基于 100 组伽马模拟数据初步生成井深 3110. 9～3200. 9m 的随钻方位伽马图像，如图 5-18 所示。

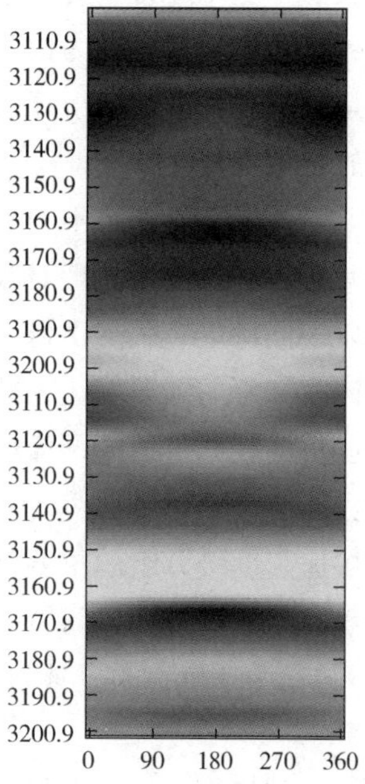

图 5-18　方位伽马图像

从图 5-18 可以看出，方位伽马图像尽管已经能够反映地层的岩性和界面等基本信息，但是在地质变化边界的分界线不是很明显，利用这样的原始图像进行成像解释，不利于精确划分地层界面和计算地层倾角。因此在成像解释前需要对图像进行增强和细化，将所包含的地层信息最大化地显示出来。

5.3.5 随钻方位伽马图像质量优化

为了从方位伽马图像中得到更多的地层特征，不仅需要对方位伽马图像进行色度标定，同时在引入图像解释之前应减少信号的影响，对图像进行进一步加工处理，重点表现细节，从而增强图像质量以提高显示效果。图像增强方法是获取图像信息，提高识别信息能力的重要手段，因其具有消除干扰、提高图像质量的特点，在数字图像处理中占有至关重要的地位，现今已广泛应用于涉及医疗、航空、通信以及工业的多个领域。如今，信息技术与石油勘探技术发展迅速且高度融合，在测井技术领域采用图像处理技术用以提高测井质量变得越来越重要。

灰度级分组法、直方图均衡化法、模糊理论法等是常用的增强图像效果处理技术。灰度级分组法是根据图像的灰度直方图确定灰度等级，随后重新组合图像中的灰度像素等级，使数据在响应的灰度等级上均匀分布，并增加灰度值变化范围以及图像对比度，如此一来相较于低对比度的图像，其图像效果更为突出[27]。灰度级分组技术又可分为快速分组技术、选择灰度分组、基本分组技术等，其相同点是都基于灰度级分组算法，且都能增强图像效果，但各技术针对不同需求有不同的处理方法。

如果图像亮度分布不均匀或图层边缘的对比度较低，则在应用图像时会导致严重问题。图像增强处理对改善图像对比具有一定的指导意义。应用图像增强算法可以根据特定应用突出显示图像的某些属性，消除不利因素的影响并提高图像的对比度。考虑到图像边缘模糊、对比度低的情况，本节将采用基于图像均衡化的快速灰度级分组法的图像增强技术进行图像校正，以提高图像显示效果，保证图像界面检测和角度计算[28]。

快速灰度级分组的主要理念为：首先为原始图像创建灰度直方图，然后将像素个数较少的直方图进行合并分组，然后根据增强函数的创建(原理是像素步长最大)转换为灰度，对上述过程继续重复直到组数为 2 即停止。算法表达具体如下所示：

(1) 首先统计原始图像第 k 个灰度级上像素的个数，记为 $M_n(k)$。

(2) 灰度级分组。

定义 $P_n(i)$ 为分组后的像素个数，初始化为 $P_n(i)=M_n(k)$，$M_n(k)$ 不为 0，$k=0$，1，2，…，$m-1$；$i=0$，1，2，…，n。$L_n(i)$ 和 $R_n(i)$ 为 $P_n(i)$ 的左右灰度级的间隔大小，$L_n(i)=k$，$R_n(i)=k$，$M_n(k)$ 不为 0，$k=0$，1，2，…，$m-1$；$i=0$，

1，2，…，n。

首先确定 $P_n(i)$ 的最小值 a，然后将其与邻近的次小值合并得到一个新组 $P_{n-1}(i)$，

$$P_{n-1}(i)=\begin{cases}P_n(i), & i=1,2,\cdots,j\\ a+b, & i=j\\ P_{n-1}(i), & i=j+1,j+2,\cdots,n+1\end{cases} \tag{5-33}$$

式中，$a=\min[P_n(i)]$

$b=\min\{P_n(i_a-1),P_n(i_a+1)\}$，

$j=\begin{cases}i_a-1, & P_n(i_a-1)\leqslant P_n(i_a+1)\\ i_a, & \text{其他}\end{cases}$，

$M_n(i_a)=a$。

（3）计算增强函数 $F_{n-1}(k)$。

① 如果灰度级 k 落在 $P_{n-1}(i)$ 中，且 $L_{n-1}(i)\neq R_{n-1}(i)$，则：

$$F_{n-1}(k)=\begin{cases}\left(i-\alpha-\dfrac{R_{n-1}(i)-k}{R_{n-1}(i)-L_{n-1}(i)}\right)N_{n-1}+1, & L_{n-1}(i)=R_{n-1}(i)\\ \left(i-\dfrac{R_{n-1}(i)-k}{R_{n-1}(i)-L_{n-1}(i)}\right)N_{n-1}+1, & L_{n-1}(i)\neq R_{n-1}(i)\end{cases} \tag{5-34}$$

② 如果灰度级 k 落在 $P_{n-1}(i)$ 和 $P_{n-1}(i+1)$ 之间，或 $L_{n-1}(i)=R_{n-1}(i)$ 时，

$$F_{n-1}(k)=\begin{cases}(1-\alpha)N_{n-1}, & L_{n-1}(i)=R_{n-1}(i)\\ iN_{n-1}, & L_{n-1}(i)\neq R_{n-1}(i)\end{cases} \tag{5-35}$$

③ 如果 $k<L_{n-1}(1)$，则有 $F_{n-1}(k)=0$；

④ 如果 $k\geqslant R_{n-1}(n-1)$，则有 $F_{n-1}(k)=L-1$。其中 $0<\alpha<1$，通常为0.8，

$$N_{n-1}=\frac{M-1}{n-1-\alpha} \tag{5-36}$$

（4）计算像素点的距离。

$$D_{n-1}=\frac{1}{N_{\text{pix}}(N_{\text{pix}}-1)}\sum_{i}^{M-2}\sum_{j=i+1}^{M-1}M_{n-1}(i)M_{n-1}(j)(j-i) \tag{5-37}$$

式中，N_{pix} 为像素点数；M 为灰度级数。

（5）如果分组个数大于2，重复以上步骤(2)至(4)。

（6）找到点距 D_i 的最大值，与之对应的增强函数为 $F_{n-1}(k)$。

根据所对应的增强函数，对原始图像进行处理，完成快速灰度级分组增强。

具体的实现过程为：

（1）首先读取图像I（L为图像灰度级），计算它的灰度直方图；

（2）寻找直方图中像素频率最高的灰度级P_{hist}；

（3）如果P_{hist}落在直方图中非零区域的左侧，但不是非零区域的第一个元素，那么这个直方图被分成2个子直方图区域：$[0, P_{\mathrm{hist-1}}]$和$[P_{\mathrm{hist}}, L-1]$；

（4）对于$[0, P_{\mathrm{hist-1}}]$区域进行直方图均衡化处理后，转向步骤（5），对$[P_{\mathrm{hist}}, L-1]$区域进行快速灰度级分组算法处理；

（5）重复步骤（2）和（3）；

（6）如果P_{hist}落在直方图非零区域的右侧，或是非零区域的第一个元素，那么采用快速灰度级分组技术进行处理。

采用直方图均衡化技术对$[0, P_{\mathrm{hist-1}}]$区域进行处理，采用快速灰度级分组技术对$[P_{\mathrm{hist}}, L-1]$区域进行处理。其中为r_k第k个灰度级，直方图均衡化处理的增强函数为：

$$F_{\mathrm{HE}}(r_k) = (L-1)\sum_{j=0}^{k} f_r(r_j) = \frac{L-1}{m \times n}\sum_{j=0}^{k} n_j,\ k = 0, 1, 2, \cdots, P_{hist} - 1 \quad (5-38)$$

快速灰度级分组技术的增强函数[29]：

$$F_{\mathrm{FGLG}}(r_k) = F_{\mathrm{n-1}}(r_k),\ k = P_{hist}, P_{hist}+1, \cdots, L-1 \quad (5-39)$$

采用图像的增强函数$F(r_k)$对图像进行增强处理，

$$F(r_k) = F_{\mathrm{HE}}(r_k) + F_{\mathrm{FGLG}}(r_k), \quad k = 0, 1, 2, \cdots, L-1 \quad (5-40)$$

应用改进后的增强算法对方位伽马图像进行增强处理，结果如图5-19（a、b）所示，图5-19（a）为原始图像的效果图，图5-19（b）为基于图像均衡化的快速灰度级分组处理后的效果图。

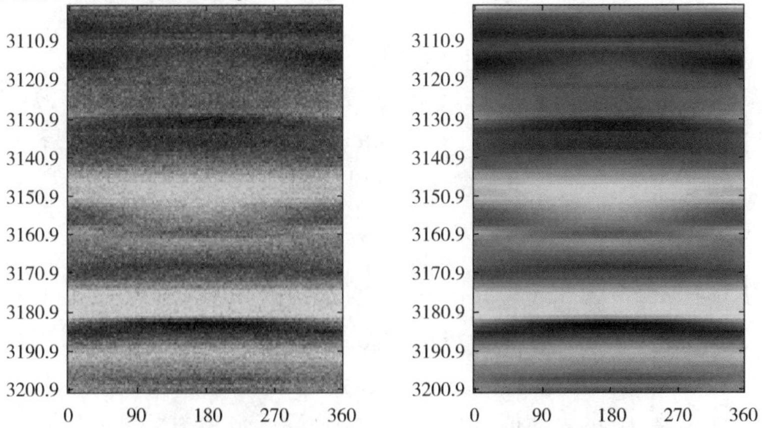

(a)原始伽马图像　(b)快速灰度级处理效果

图5-19　图像增强前后的效果图

采用基于图像均衡化的快速灰度级分组方法对图像进行处理，处理效果融合了传统增强算法的优点，不仅高对比度区域得到了增强，而且低对比度区域的清晰度明显提高，体现了更多细节，图像颜色变化更加均匀，增强了图像的显示效果，更有利于后期方位伽马图像的应用。

参 考 文 献

[1] 李安宗，骆庆锋，李留，等．随钻方位自然伽马成像测井在地质导向中的应用[J]．测井技术，2017，41(06)：713-717.

[2] McKinny, K., Boonen, P., & Huiszoon, C. Analysis of Density Image Dip Angle Calculations[J]. Society of Petrophysicists and Well-Log Analysts. (2008, January 1).

[3] 李新龙．随钻伽马成像在水平井地质导向中的应用[J]．西部探矿工程，2017，29(08)：44-45.

[4] Guo, P., Mendoza, A., & Yin, H. Impact Of Density Tool Depth of Investigation On Dip Determination In High Angle And Horizontal Wells[J]. Society of Petrophysicists and Well-Log Analysts. (2008, January 1).

[5] Uzoh, E. A., Mendoza, A., Torres-Verdín, C., Preeg, W. E., & Stockhausen, E. Quantitative Studies Of Relative Dip Angle And Bed - Thickness Effects On Lwd Density Images Acquired In High - Angle And Horizontal Wells [J]. Society of Petrophysicists and Well - Log Analysts. (2007, January 1).

[6] 毕特．基于色彩和特征的图像检索系统的设计与实现[D]．东北大学，2015.

[7] 赵金波．基于多曝光的高动态范围成像技术研究[D]．西安邮电大学，2018.

[8] 李平娜．基于视觉感知的图像显著区域识别算法及应用[D]．河北工业大学，2016.

[9] 王菁．基于颜色空间剖分的彩色图像分割算法研究[D]．曲阜师范大学，2010.

[10] 孙壮丽．基于矢量的纹织图像编辑软件开发[D]．浙江大学，2008.

[11] 刘玥．基于信息融合的人脸检测研究[D]．四川大学，2006.

[12] 熊洁．彩色图像数字水印技术研究[D]．贵州大学，2009.

[13] Mendoza, A., Torres - Verdín, C., & Preeg, W. Rapid Simulation Of Borehole Nuclear Measurements With Approximate Spatial Flux - Scattering Functions. Society of Petrophysicists and Well-Log Analysts. (2007, January 1).

[14] 唐海全．随钻方位伽马数据成像处理方法[J]．岩性油气藏，2017，29(01)：110-115.

[15] 师玉璞．成像测井地质解释系统[D]．西安科技大学，2012.

[16] 唐佳伟．成像测井资料处理与裂缝识别方法研究[D]．西安科技大学，2013.

[17] 王吉源．基于 MFC 框架遥感图像下载拼接软件的设计与实现[D]．江西理工大学，2014.

[18] 沈琳，陈千红，谭红专．缺失数据的识别与处理[J]．中南大学学报(医学版)，2013，38(12)：1289-1294.

[19]金勇进．缺失数据的插补调整[J]．数理统计与管理，2001，(06)：47-53.

[20]廖祥超. 九种常用缺失值插补方法的比较[D]. 云南师范大学, 2017.

[21]Sáez J A, Luengo J, Herrera F. Predicting noise filtering efficacy with data complexity measures for nearest neighbor classification[J]. Pattern Recognition, 2013, 46(1): 355-364.

[22]Robinson G K. Continuous time Brownian motion models for analysis of sequential data[J]. Journal of the Royal Statistical Society, 2010, 59(3): 477-494.

[23]Holst U. Locally weighted least squares kernel regression and statistical evaluation of lidar measurements[J]. Environmetrics, 2015, 7(4): 401-416.

[24] Cleveland W S, Devlin S J. Taylor & FrancisOnline: Locally Weighted Regression: An Approach to Regression Analysis by Local Fitting - Journal of the American Statistical Association - Volume 83, Issue 403[J]. Journal of the American Statistical Association.

[25]Harrison R J, Feinberg J M. FORCinel: An improved algorithm for calculating first - order reversal curve distributions using locally weighted regression smoothing[J]. Geochemistry Geophysics Geosystems, 2013, 9(5).

[26]张丽. 随钻方位密度成像测井基础研究[D]. 中国石油大学(华东), 2013.

[27] ZhiYu Chen, Besma R. abidi, et al. Gray level grouping(GLG): an automatic method for optimized image contrast enhancement part Ⅰ: the basic method[J]. IEEE Trans on Image Processing, 2006, 15(8): 2290-2302.

6 多源信息融合地质导向识别技术

6.1 数据采集与分析处理

为了从海量数据中挖掘隐藏的客观规律，使用数据分析将其汇总和理解并消化，以求最大化地开发数据的功能，发挥数据的作用。数据分析是为了提取有用信息和形成结论而对数据加以详细研究和概括总结的过程。

6.1.1 数据的收集与处理

元素录井技术主要是利用 X 射线荧光分析技术以获取地层岩石的元素信息，利用伽马能谱技术获取地层岩石的能谱信息。本节研究区域主要为四川川南山区，针对该区块已经做了大量分析。主要对 XX 井的 300 块岩石样品 GR 能谱数据和 XRF 检测数据进行整理汇总。

6.1.2 数据预处理

本节首先选择对整个数据集执行标准化的数据变换处理[1]，将所有数据的各维指标控制在同一特征范围内，再从中划分训练集、测试集。对数据进行标准化处理，其目的就在于降低评价指标的数值差异对分类模型造成的收敛慢、精度低等不利影响，以提高故障诊断模型的泛化性、预测能力。数据标准化处理方式主要有三种：最小—最大标准化、Z-score 标准化和小数定标标准化[2]。

本节使用 mapminmax 函数对数据集进行标准归一化处理，其中，mapminmax 函数对最大-最小标准化方法进行了拓展，在数学意义上为一种线性函数转换。设变量维度为 D 的数据集 $X=(x^1, x^2, \cdots, x^D)$，建立映射 f，此函数形式为：

$$f: x_i^j \rightarrow y_i^j=(Y_{\max}-Y_{\min}) \times \frac{x_i^j-x_{\min}^j}{x_{\max}^j-x_{\min}^j}+Y_{\min} \tag{6-1}$$

式中，x_i^j 表示数据集中第 i 组数据的第 j 维评价指标，变量映射后的 Y 取值范围为$[-1, 1]$。

6.1.3 伽马能谱数据处理

在某地区原始数据中，岩屑自然伽马能谱的数值特征如表 6-1 所列，能谱的数值会随着地层性质的变化而变化，本节根据能谱变化的特征反推出地层的变化。

表 6-1 伽马能谱原始值

	U	*Th*	*K*	γ 能谱	无 *U* 剂量率	*Th/U*	能谱 *TOC*	γ 计数率	总剂量率	*U/K*
MAX	38. 125	27. 383	4. 725	209. 500	111. 300	34. 970	8. 488	43. 620	195. 051	190. 625
MIN	0. 625	0. 191	0. 100	62. 200	1. 680	0. 000	0. 072	18. 240	43. 930	0. 163
AVERAGE	13. 146	11. 427	1. 875	104. 633	47. 916	2. 511	2. 898	25. 928	115. 564	20. 635

伽马能谱原始相关数据随着井深的不断增加而变化，这就表明钻具在钻进过程中地层在不断地发生变化，如图 6-1 所示。

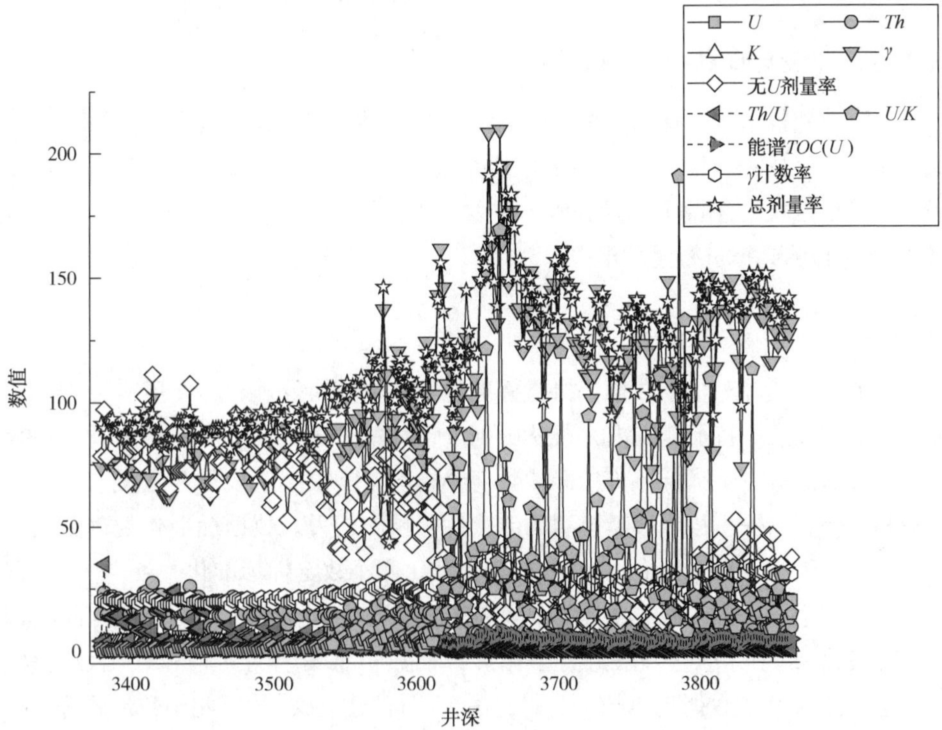

图 6-1 伽马能谱原始数据

经过 mapminmax 归一化函数处理后，伽马能谱的归一化数据集如表 6-2 所列：

表 6-2 伽马能谱归一化值

	U	*Th*	*K*	γ 能谱	无 *U* 剂量率	*Th/U*	能谱 *TOC*	γ 计数率	总剂量率	*U/K*
MAX	1	1	1	1	1	1	1	1	1	1
MIN	-1	-1	-1	-1	-1	-1	-1	-1	-1	-1
AVERAGE	-0. 174	-0. 232	-0. 424	-0. 156	-0. 856	-0. 328	-0. 052	-0. 785	-0. 174	-0. 232

如图 6-2 所示，*U* 归一化值在 3380m 左右到达-1 值，随着井深不断增加，在 3658m 左右至最大值 1 随后降低；*Th* 归一化值在 3414m 左右到达 1 值，随着井深不断增加，在 3660~3720m 左右五次达到最小值-1；*K* 归一化值在 3472m 左右到达 1 值，在 3480m 左右两次达到最小值-1；γ 能谱归一化值在 3425m 左右到达两次最小值-1，在 3658m 左右达到最大值 1；无 *U* 剂量率归一化值在 3414m 左右到达最大值 1，在 3625m 和 3720m 分别达到最大值 1；*Th/U* 归一化值在 3380m 左右到达最大值 1，在 3670m 左右达到最小值-1；能谱 *TOC* 归一化值在 3380m 左右到达最小值-1，在 3658m 左右达到最大值 1；γ 计数率归一化值在 3468m 左右到达最小值-1，在 3658m 左右达到最大值 1；总剂量率归一化值在 3580m 左右到达最小值-1，在 3658m 左右达到最大值 1；*U/K* 归一化值在 3784m 左右到达最小值-1，在 3658m 左右达到最大值 1。

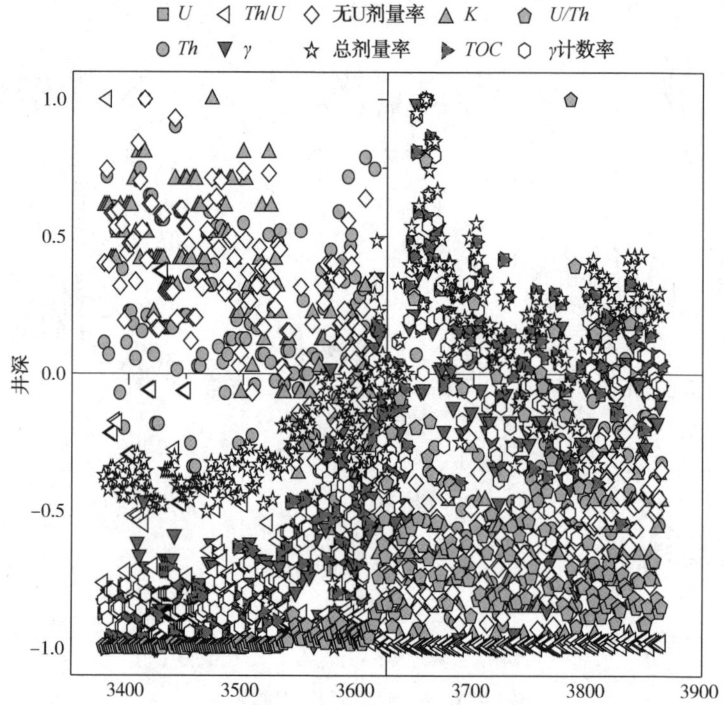

图 6-2 伽马能谱归一化数据图

6.1.4 元素数据处理

在某地区原始数据中，随钻元素的数值特征如表 6-3 所示，元素的数值会随着地层性质的变化而变化，本文根据元素变化的特征反推出地层的变化。

表 6-3 元素原始值

	Na	Mg	Al	Si	P	S	Cl	K	Ca	Ba	Ti	Mn	Fe	V	Ni	Sr
MAX	0. 700	3. 531	11. 326	39. 766	2. 544	3. 137	3. 937	3. 973	22. 242	5490. 200	1. 467	0. 350	6. 597	874. 000	3. 910	896. 000
MIN	0. 000	0. 000	0. 481	16. 438	0. 001	0. 932	0. 692	0. 473	1. 748	2369. 200	0. 295	0. 084	1. 111	424. 000	1. 650	347. 000
AVERAGE	0. 292	1. 335	4. 465	27. 508	0. 506	1. 641	1. 949	1. 907	7. 481	3338. 086	0. 787	0. 127	3. 282	595. 442	2. 655	531. 362

元素原始数据图如图 6-3 所示。

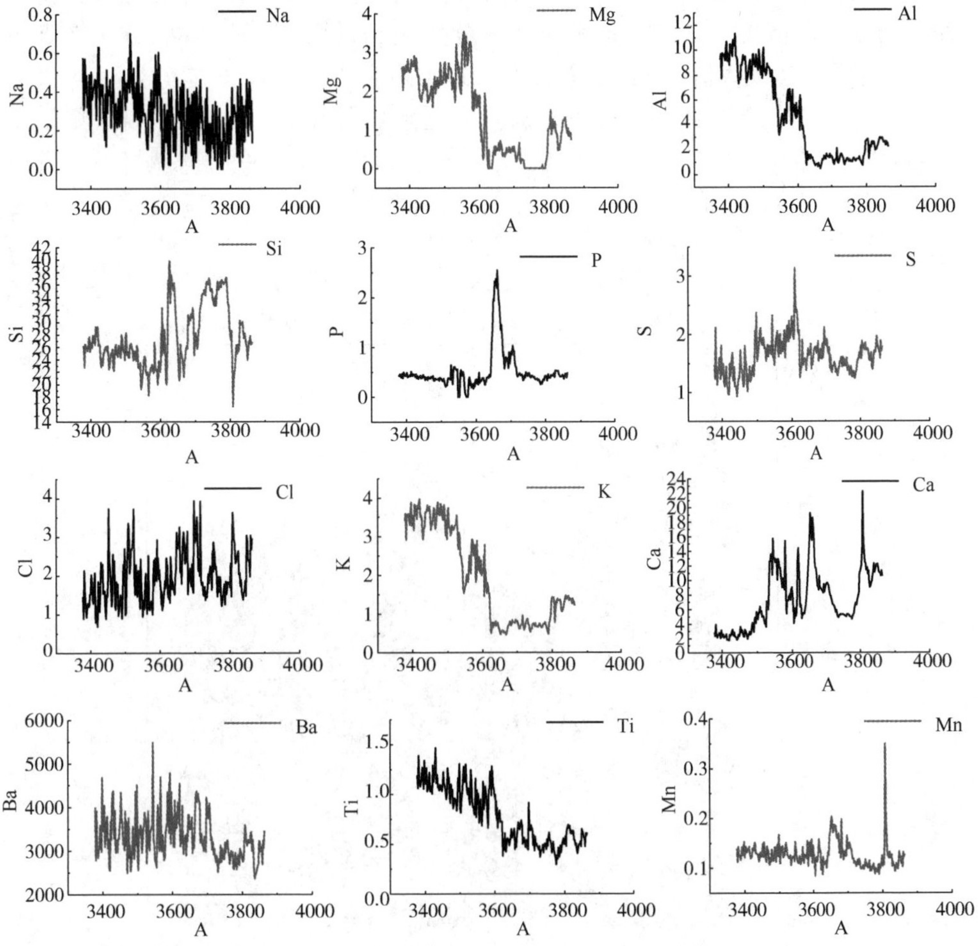

图 6-3 元素原始数据图

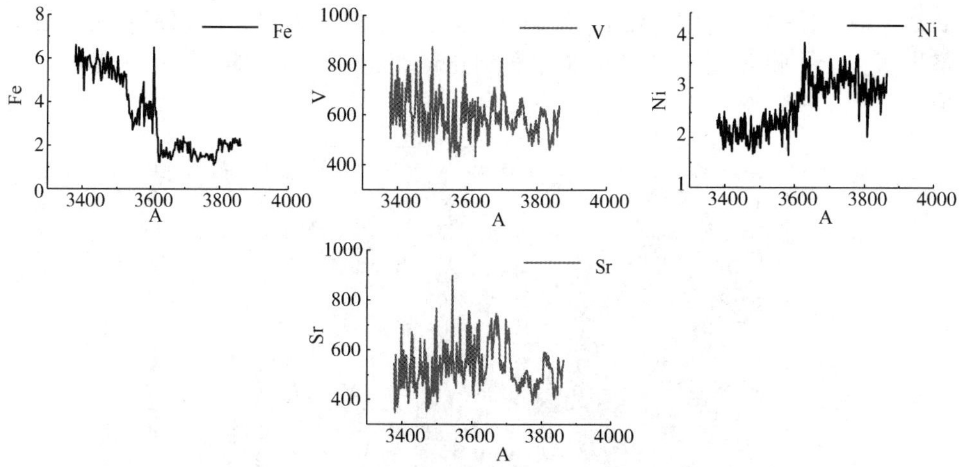

图 6-3 元素原始数据图(续)

经过 mapminmax 函数处理后的归一化数据集见表 6-4。

表 6-4 元素归一化值

	Na	Mg	Al	Si	P	S	Cl	K	Ca	Ba	Ti	Mn	Fe	V	Ni	Sr
MAX	1	1	1	1	1	1	1	1	1	1	1	1	1	1	1	1
MIN	1	-1	-1	-1	-1	-1	-1	-1	-1	-1	-1	-1	-1	-1	-1	-1
AVERAGE	-0.165	-0.244	-0.265	-0.051	-0.603	-0.357	-0.225	-0.181	-0.441	-0.379	-0.161	-0.676	-0.209	-0.238	-0.110	-0.328

如图 6-4 所示，Na 归一化值在 3415m 左右到达最大值 1，随着井深不断增加，在 3608m、3764m、3774m、3778m 先后四次达到最小值-1；Mg 归一化值在 3556m 左右到达 1 值，随着井深不断增加，在 3730~3790m 一直为最小值-1；Al 归一化值在 3420m 左右到达 1 值，在 3668m 左右达到最小值-1；Si 归一化值在 3626m 左右为最小值-1，在 3662m 左右达到最大值 1；P 归一化值在 3548~3552m 左右到达最小值-1，随着井深不断增加，在 3625m 和 3720m 分别达到最大值 1；S 归一化值在 3442m 左右到达最小值-1，在 3608m 左右达到最大值 1；Cl 归一化值在 3240m 左右到达最大值 1，在 3668m 左右达到最小值-1；K 归一化值在 3240m 左右到达最大值 1，在 3658m 左右达到最大值 1；Ca 归一化值在 3240m 左右到达最小值-1，在 3808m 左右达到最大值 1；Ba 归一化值在 3544m 左右到达最大值 1，在 3836m 左右达到最小值-1；Ti 归一化值在 3544m 左右到达最大值 1，在 3776m 左右达到最小值-1；Mn 归一化值在 3605m 左右到达最小值-1，在 3808m 左右达到最大值 1；Fe 归一化值在 3380m 左右到达最大值 1，在 3784m 左右达到最小值-1；V 归一化值在 3498m 左右到达最大值 1，在 3550m 左

右达到最小值-1；Ni 归一化值在 3582m 左右到达最小值-1，在 3628m 左右达到最大值 1；Sr 归一化值在 3380m 左右到达最小值-1，在 3544m 左右达到最大值 1。

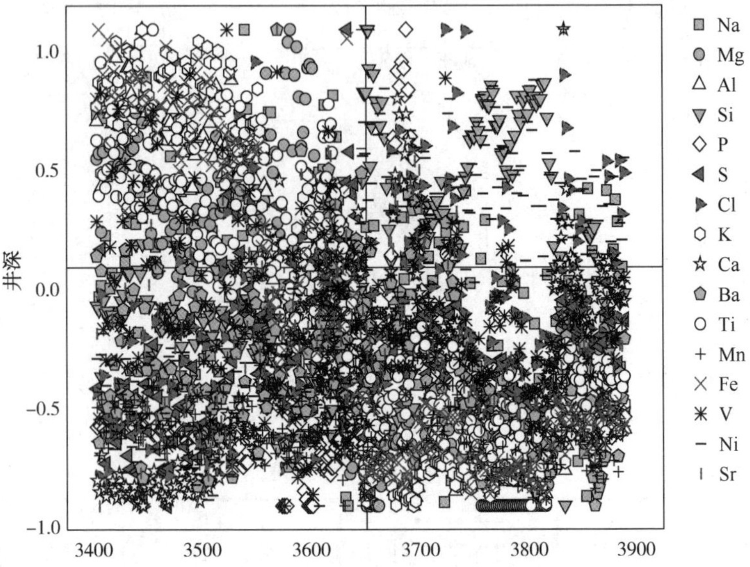

图 6-4 元素归一化数据图

6.2 多源信息融合技术

6.2.1 多源信息融合技术概述

多源信息融合是对多种数据进行认知、综合、判断的过程，通过各种方式获取多种信息，其中包括大量互补冗余的信息，再对信息进行组合处理，根据先验知识去估计判断，从而判定当前情况。从不同角度获取同一对象的多种信息，把各种信息转变成对所处环境判断的有益诠释，需要大量各异的智能化综合处理判断，以及用来进行信息组合的知识库才能完成[3]。

多源信息融合系统中处理的数据形式多样。传感器的数据经过处理之后，可以把数据转变成描述某个过程的参数或状态估计，也可以转变成某个命题的证据，或支持某个假设的决策。对单一传感器信息进行处理时，通常是对同类型的数据信息进行滤波和预测，或者通过变换的手法对从不同时空获取的数据信息进行参数或状态估计，多源信息融合技术可以对各种不同类型的数据信息在不同层次上进行综合处理。综上所述，多源信息融合不是简单的信息累积，是一个复杂信息综合处理的过程。

6.2.2 多源信息融合的融合结构

依据信息融合系统中数据抽象层次，融合可以划分为三个级别：数据级融合、特征级融合和决策级融合，各级别融合处理结构如下[4]：

(1) 数据级融合

数据级融合结构直接对来自传感器的原始监测数据进行融合，然后进行特征数据提取，最后进行识别判断。这种结构的优点在于极大保留了原始信息，其处理的信息细微性是其他两个融合级别所不能比拟的，基本上不存在信息丢失的情况，但是这种融合具有很大的局限性，数据级融合要对海量的原始数据进行综合处理融合，而且传感器传递过来的数据具有不完整、易出现偏差、不稳定等特点[5]。数据级融合的结构图如图 6-5 所示。

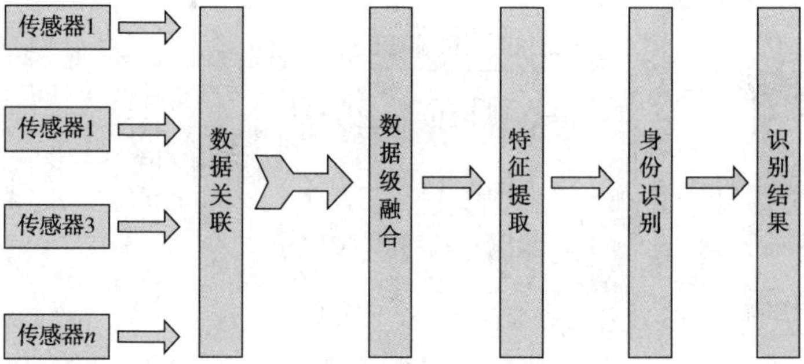

图 6-5 数据级融合结构

(2) 特征级融合

特征级融合属于中间层次的融合，一般可以分为两类：目标特征的信息融合和目标状态的信息融合。其特点是：在原始信息损失不严重的情况下，可以进行实时处理并且为融合决策提供直接的特征数据。对属性数据进行特征提取，从而减少了数据的传输量，但由于对数据进行特征提取会引起部分有效数据的丢失从而导致结果准确性降低。特征级融合兼顾了数据级和决策级融合的特点，优点是：对原始信息进行特征提取，对数据进行压缩减少通信传输量。特征级融合结构如图 6-6 所示：

(3) 决策级融合

决策级融合是最高层次的融合，决策级融合过程中每个传感器独自完成对监测数据行特征提取、识别，接着将识别结果提交融合处理中心，融合处理中心根据各局部融合传感器的识别情况做最终决策。决策级融合可以对不同类型的传感器进行融合，融合时信息处理量小、实时性高、抗干扰能力强，但由于对传感器的数据进行了多层次的融合处理，信息丢失比较严重，从而降低了融合结果的准确性。融合结构如图 6-7 所示。

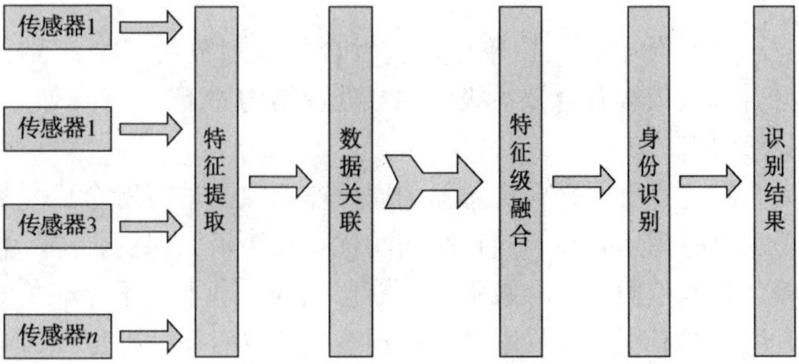

图 6-6　特征级融合结构图

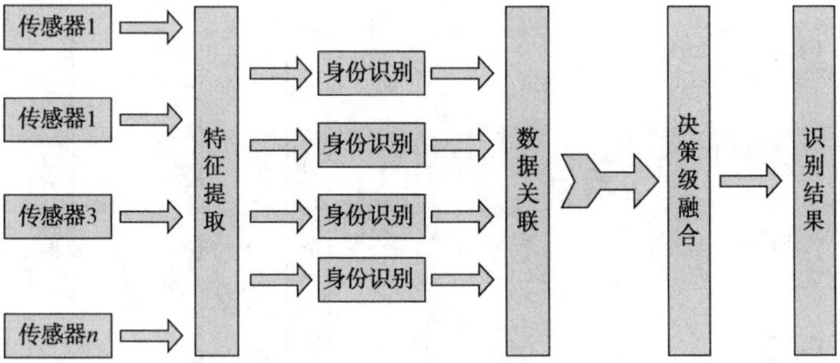

图 6-7　决策级融合结构

三种属性级融合特点比较，如表 6-5 所列。

表 6-5　多源信息不同级别融合特点比较

比较指标	数据级融合	特征级融合	决策级融合
信息处理量	最大	较小	最小
信息损失量	最小	较小	最大
抗干扰能力	弱	中	强
容错能力	差	较差	较好
融合算法难度	难	中	易
融合前对数据处理	少	中	多
融合性能	最好	中	较差
对传感器依赖性	强	中	弱

本文在进行多源信息融合时，由于多源数据种类较少，即使采用数据级融合也不会产生过大的运算量，并且采用数据级融合时由于保留了全部原始数据特征，因此进行数据融合保证了结果的准确度。故本文在进行数据融合时，采用了数据级融合的方式，在数据级完成多源信息的融合，进行地层岩性的快速判识，实现对煤层气水平井导向实施情况的快速监测。

6.2.3 特征值提取法

能谱和元素数据的各维特征不同程度地反映了地层的岩性特质，对岩层判别起到了积极作用。然而多维特征数据建模难免导致模型出现特征混淆的现象，并且加大计算难度，以至于部分地层数据无法被正确判识，本文对多为特征数据进行特征重构。

6.2.3.1 主成分分析法理论(PCA)

PCA 主成分分析主要利用数学中的正交性变化分析数据[6]，数据中的线性相关变量会被转换为不相关变量，而变化后的变量称作主成分主成分分析，是将有多个相关特征的数据集投影到相关特征较少的坐标系上。PCA 的目标是识别数据集中的模式和潜在结构以创建新的特征，而非使用原始特征[7]。

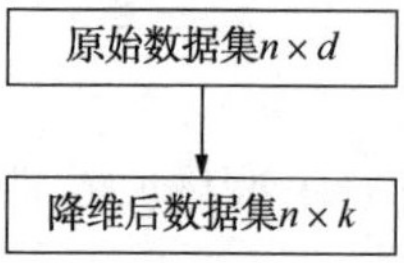

图 6-8 数据集的特征转换

PCA 算法的主要思路是：将数据集的 d 维特征压缩到 k 维上，这 k 维也被称为主成分，是由原有的 d 维特征重构得出。PCA 的工作原理就是从原始的坐标空间中按顺序地找出相互正交的坐标轴[8]，其中，第一个坐标轴选择数据集中具有最大方差的方向；第二个坐标轴选择与第一个坐标轴正交且具有最大方差的方向；第三个坐标轴选择与第一、二个坐标轴正交且具有最大方差的方向，以此类推，最终得到 d 个这样的坐标轴。通过这种方式获得的坐标轴，其大部分方差都包含在前 k 个当中，而剩余的坐标轴所含方差几乎均为 0。因此，选择保留包含绝大部分方差的特征维度，而忽略包含方差几乎为 0 的特征维度，就可以实现对数据集的特征降维[9]。如图 6-8 所示，一个 $n×d$ 的数据集(n：样本数量，d：特征维数)，其大小可以被转换为 $n×k(k<d)$。

6.2.3.2 PCA 特征重构

假设存在一个数据集 $x \in R^{n\times d}$，它由 n 个数据样本组成，且具有 d 维特征，则其对应的中心化矩阵形式可以表示为：

$$X=\begin{pmatrix} x_{11} & x_{12} & \cdots & x_{1d} \\ x_{21} & x_{22} & \cdots & x_{2d} \\ \vdots & \vdots & \vdots & \vdots \\ x_{n1} & x_{n2} & \cdots & x_{nd} \end{pmatrix}=(x_1 \quad x_2 \quad \cdots \quad x_d) \tag{6-2}$$

式中，

$$x_j=\begin{pmatrix} x_{1j} \\ x_{2j} \\ \vdots \\ x_{nj} \end{pmatrix},\ j=1,\ 2,\ \cdots,\ d$$

矩阵 X 的主成分分析数学模型可以定义为：

$$F=X\cdot A \tag{6-3}$$

式中，矩阵 F 为数据集各成分的得分，$F=(F_1,\ F_2,\ \cdots F_d)$；$A$ 被称为成分系数矩阵（A 最好为正交阵，满足 $AA'=1$）。

$$A=\begin{pmatrix} a_{11} & a_{12} & \cdots & a_{1d} \\ a_{21} & a_{22} & \cdots & a_{2d} \\ \vdots & \vdots & \vdots & \vdots \\ a_{n1} & a_{n2} & \cdots & a_{nd} \end{pmatrix}=\begin{pmatrix} a_1 \\ a_2 \\ \vdots \\ a_d \end{pmatrix} \tag{6-4}$$

对于得分矩阵 $F=XA$，其协方差矩阵可表示为：

$$Var(F)=Var(XA)=(XA)^T\cdot(XA)=A^TX^TXA \tag{6-5}$$

由于 XTX 为对称矩阵，所以有：

$$A^T(X^TX)A=\Lambda=\begin{pmatrix} \lambda_1 & & & \\ & \lambda_2 & & \\ & & \ddots & \\ & & & \lambda_n \end{pmatrix} \tag{6-6}$$

其中 Λ 为 XTX 的特征值组成的对角阵，A 也可以被称为 XTX 的特征向量组。至此，便掌握了 PCA 特征降维的方法：①求取中心化数据集 X 的协方差矩阵所对应的特征值以及特征向量；②参照特征值的降序索引，选取 k 个特征向量构成主成分特征向量组 $P\in R^{n\times d}$；③利用特征向量组对数据集进行降维；数据集的降维操作如式(6-7)所示：

$$D=X\cdot P \tag{6-7}$$

式中，D 表示降维数据集，$D\in R^{n\times d}$

降维数据集 D 在经过简单地矩阵运算后，便可实现对原数据集的特征重构，重构方式如下：

$$Y = D \cdot P^T + X_{means} \tag{6-8}$$

式中，$D \cdot P^T$ 为中心化重构数据集，通过对其叠加原数据集的各维均值 X_{means}，以获得重构数据集 $Y \in R^{n \times d}$。这样，经 PCA 特征重构的数据集便能在一定程度上消除数据建模所引起的特征混淆现象。

根据上述推导，可以总结出 PCA 特征重构的步骤为：

① 求取经中心化处理后数据集的协方差矩阵；

② 计算协方差矩阵的特征值和特征向量；

③ 参照特征值的降序索引，保留 k 个特征向量，构建主成分特征向量组；

④ 利用特征向量组对数据集进行特征降维；

⑤ 对降维数据集进行矩阵运算，实现特征重构。

6.2.3.3 PCA 特征重构的元素数据

本文各元素数据集协方差矩阵的各维特征值如表 6-6 所列：

表 6-6 元素协方差矩阵的特征值

维度	特征值	维度	特征值
第一维	1.6763E-04	第九维	0.1403
第二维	0.0030	第十维	0.2023
第三维	0.0069	第十一维	0.7732
第四维	0.0144	第十二维	8.1349
第五维	0.0291	第十三维	24.5567
第六维	0.0531	第十四维	1.7353E+03
第七维	0.0630	第十五维	2.6985E+03
第八维	0.0901	第十六维	2.7946E+05

第一维至十六维分别对应元素数据集中的 Sr、Ni、V、Mn、Ti、Ba、P、K、Cl、Na、K、Mg、Ca、Fe、Al、Si 维度指标。由式 6-5 可知，元素数据集协方差矩阵对应的特征值随矩阵维度的增加而增加，因此，各维指标的特征值大小可以表示为：$E(Si)>E(Al)>E(Fe)>E(Ca)>E(Mg)>E(K)>E(Na)>E(Cl)>E(K)>E(P)>E(Ba)>E(Ti)>E(Mn)>E(V)>E(Ni)>E(Sr)$。表 6-5 数据集的协方差矩阵对应的特征向量及其维度如表 6-7 所列：

表 6-7　协方差矩阵的特征向量

特征系数	第一维	第二维	第三维	第四维	第五维	第六维	第七维	第八维	第九维	第十维	第十一维	第十二维	第十三维	第十四维	第十五维	第十六维
a_{ij}	$j=1$	$j=2$	$j=3$	$j=4$	$j=5$	$j=6$	$j=7$	$j=8$	$j=9$	$j=10$	$j=11$	$j=12$	$j=13$	$j=14$	$j=15$	$j=16$
$i=1$	0.022	0.070	0.223	−0.300	−0.006	0.004	0.019	0.078	−0.079	19.23	0.024	0.001	0.109	3.541	−0.033	2.185
$i=2$	0.070	1.035	2.870	−3.313	−0.122	0.006	−0.176	1.027	−0.822	77.767	0.229	0.003	1.421	5.145	−0.430	−0.870
$i=3$	0.223	2.870	10.817	−7.226	−0.462	−0.185	−0.730	3.810	−7.842	132.8	0.777	0.002	5.477	40.098	−1.418	−56.2
$i=4$	−0.300	−3.313	−7.226	23.796	−0.215	−0.621	−0.764	−2.817	−6.163	−1245	−0.907	−0.072	−4.097	−111.4	1.462	−213.9
$i=5$	−0.006	−0.122	−0.462	−0.215	0.167	−0.002	0.084	−0.172	0.808	31.174	−0.031	0.005	−0.206	0.320	0.047	14.132
$i=6$	0.004	0.006	−0.185	−0.621	−0.002	0.099	0.084	−0.060	0.506	86.246	0.013	0.002	−0.055	8.433	0.013	17.114
$i=7$	0.019	−0.176	−0.730	−0.764	0.084	0.084	0.398	−0.248	0.986	158.5	−0.003	0.008	−0.334	28.252	0.087	35.893
$i=8$	0.078	1.027	3.810	−2.817	−0.172	−0.060	−0.248	1.359	−2.645	48.666	0.275	0.001	1.931	13.500	−0.510	−19.11
$i=9$	−0.079	−0.822	−7.842	−6.163	0.808	0.506	0.986	−2.645	16.148	168.3	−0.469	0.045	−4.027	−73.2	0.630	150.5
$i=10$	19.234	77.767	132.8	−1244	31.174	86.246	158.5	48.666	168.2	269102	71.840	6.630	138.9	32131	−20.13	41643
$i=11$	0.024	0.229	0.777	−0.907	−0.031	0.013	−0.003	0.275	−0.469	71.840	0.080	0.002	0.408	11.584	−0.108	6.481
$i=12$	0.001	0.003	0.002	−0.072	0.005	0.002	0.008	0.001	0.045	6.630	0.002	0.001	0.003	0.755	−0.002	1.388
$i=13$	0.109	1.421	5.477	−4.097	−0.206	−0.055	−0.334	1.931	−4.027	138.9	0.408	0.003	2.907	28.667	−0.721	−18.20
$i=14$	3.541	5.145	40.098	−111.4	0.320	8.433	28.252	13.500	−73.24	32131	11.584	0.755	28.667	6517.6	−2.897	4806.2
$i=15$	−0.033	−0.430	−1.418	1.462	0.047	0.013	0.087	−0.510	0.630	−20.13	−0.108	−0.002	−0.721	−2.897	0.270	3.994
$i=16$	2.185	−0.870	−56.19	−213.9	14.132	17.114	35.893	−19.11	150.49	41643	6.481	1.388	−18.20	4806.2	3.994	8253.3
$i=17$	0.022	0.070	0.223	−0.300	−0.006	0.004	0.019	0.078	−0.079	19.234	0.024	0.001	0.109	3.541	−0.033	2.185

本文选取协方差矩阵的前高八维特征向量作为主成分特征向量组，分别是：Si、Al、Fe、Ca、Mg、K、Na、Cl 并利用特征向量组公式(6-7)、公式(6-8)依次对元素数据集执行降维、重构操作。其中 1 表示底出层，2 表示油层，3 表示顶出层。

表 6-8　特征重构的元素数据示例

特征重构的元素数据								地层类型
Na	Mg	Al	Si	Fe	Ca	Cl	K	
0. 3543	2. 7383	10. 0454	27. 9852	0. 3620	1. 4695	1. 2336	3. 7244	2
0. 1976	2. 4408	9. 4450	27. 5179	0. 3510	1. 2742	0. 9040	3. 8159	2
0. 4764	2. 1752	8. 7076	25. 9857	0. 3760	1. 4901	1. 4640	3. 4768	3
0. 4394	2. 2200	8. 0450	25. 2276	0. 3320	2. 0540	2. 2900	3. 0297	2
0. 5092	2. 2144	8. 6630	25. 5109	0. 3900	1. 8052	1. 8424	3. 4015	1
0. 3901	2. 4269	7. 7647	23. 9505	0. 3790	2. 3684	2. 6961	2. 9263	2
0. 3072	2. 7106	9. 6735	27. 7334	0. 3650	1. 5340	0. 9939	3. 6548	3
0. 4457	2. 7421	10. 1894	28. 2673	0. 3420	1. 6045	1. 0427	3. 7297	2

在 matlab 中调用 mapminmax 函数对重构数据进行归一化处理，表 6-8 中的重构数据转换为表 6-9 所列。mapminmax 归一化处理不仅能够统一基本度量单位，还能减少奇异样本数据所增加的网格训练时间。

表 6-9　mapminmax 归一化处理

特征重构的元素值								地层类型
Na	Mg	Al	Si	Fe	Ca	Cl	K	
0. 0123	0. 5511	0. 7638	−0. 0100	−0. 7161	−0. 5123	−0. 6662	0. 8581	2
−0. 4356	0. 3825	0. 6531	−0. 0501	−0. 7247	−0. 6894	−0. 8693	0. 9104	2
0. 3612	0. 2321	0. 5171	−0. 1814	−0. 7051	−0. 4936	−0. 5242	0. 7166	3
0. 2555	0. 2574	0. 3949	−0. 2464	−0. 7397	0. 0178	−0. 0152	0. 4611	2
0. 4550	0. 2543	0. 5089	−0. 2221	−0. 6941	−0. 2078	−0. 2910	0. 6736	1
0. 1146	0. 3746	0. 3432	−0. 3559	−0. 7027	0. 3030	0. 2351	0. 4020	2
−0. 1223	0. 5354	0. 6952	−0. 0316	−0. 7137	−0. 4538	−0. 8139	0. 8183	3
0. 2735	0. 5532	0. 7903	0. 0142	−0. 7318	−0. 3898	−0. 7838	0. 8611	2

6.2.3.4 PCA 特征重构的能谱数据

本文各能谱数据集协方差矩阵的各维特征值如表 6-10 所列：

表 6-10 能谱协方差矩阵的特征值

维度	特征值	维度	特征值
第一维	3.8265e-04	第六维	10.1007
第二维	0.0141	第七维	293.0035
第三维	0.1855	第八维	432.5549
第四维	1.1307	第九维	1.9370e+03
第五维	4.2034		

注：第 1-9 维分别对应元素数据集中的总剂量率，γ 计数率、K 含量、Th/U、Th 含量、U/K、无 U 剂量率、能谱 $TOC(U)$、γ 能谱，U 含量维度指标。由表 6-9 可知，伽马能谱数据集协方差矩阵对应的特征值随矩阵维度的增加而增加，因此，各维指标的特征值大小可以表示为：$E(U)>E(\gamma)>E(TOC)>E($无 U 剂量率$)>E(U/K)>E(Th)>E(Th/U)>E(K)>E(\gamma$ 计数率$)>E($总剂量率$)$。式 6-5 数据集的协方差矩阵对应的特征向量如表 6-11 所列：

表 6-11 能谱协方差矩阵的特征向量

特征系数 a_{ij}	第一维	第二维	第三维	第四维	第五维	第六维
	$j=1$	$j=2$	$j=3$	$j=4$	$j=5$	$j=6$
$i=1$	-0.1686	-0.4712	-0.8306	-0.0235	-0.0632	-0.0280
$i=2$	0.0339	0.0919	-0.1699	0.1278	0.9417	0.0317
$i=3$	0.1392	0.8368	-0.4956	-0.0169	-0.1822	-0.0040
$i=4$	-0.0100	0.0996	0.1605	-0.1629	0.0077	-0.0167
$i=5$	-0.0058	-0.1329	-0.0705	0.0067	-0.2437	0.1004
$i=6$	-0.0001	-0.0014	0.0101	-0.0113	0.0096	-0.9932
$i=7$	0.9752	-0.2039	-0.0658	-0.0097	-0.0188	-0.0050
$i=8$	0.0019	0.0066	0.0204	0.9776	-0.1245	-0.0203
$i=9$	0.0001	0.0002	-0.0009	0.0163	-0.0255	0.0310

本文选取协方差矩阵的前六维特征向量作为主成分特征向量组，分别是并利用特征向量组 U 含量、Th 含量、γ 能谱、无 U 剂量率、能谱 $TOC(U)$、U/K 并

利用特征向量组结合公式(6-7)、公式(6-8)依次对能谱数据集执行降维、重构操作。其中1表示底出层，2表示油层，3表示顶出层。

表6-12 特征重构的能谱数据示例

特征重构的能谱数据						地层类型
U 含量	*Th* 含量	γ 能谱	无 *U* 剂量率	能谱 *TOC*(*U*)	*U*/*K*	
1.2500	3.6000	75.4000	89.2100	0.2192	0.3472	2
3.7500	3.8250	73.6000	73.9400	0.8015	0.9804	2
1.4063	3.6000	72.7000	86.2100	0.2473	0.3906	1
4.8438	3.6000	73.3000	67.0900	1.0221	1.3455	2
2.5000	3.8250	73.0000	80.5600	0.5202	0.6536	2
1.0938	3.8250	67.9000	82.4100	0.2002	0.2859	3
1.0938	3.8250	67.9000	82.4100	0.2002	0.2859	3
1.5625	4.0500	70.2000	83.1500	0.3031	0.3858	2
3.7500	3.6000	74.9000	74.9200	0.7787	1.0417	1
2.1875	4.2750	90.5000	102.5100	0.4564	0.5117	2

在matlab中调用mapminmax函数对重构数据进行归一化处理，表6-12中的重构数据转换为表6-13所列。mapminmax归一化处理不仅能够统一基本度量单位，还能减少奇异样本数据所增加的网格训练时间。

表6-13 归一化处理后的特征重构能谱数据示例

特征重构的能谱值						地层类型
U 含量	*Th* 含量	γ 能谱	无 *U* 剂量率	能谱 *TOC*(*U*)	*U*/*K*	
-0.9667	0.5135	-0.8208	0.5970	-0.9652	-0.9981	2
-0.8333	0.6108	-0.8452	0.3184	-0.8268	-0.9914	2
-0.9583	0.5135	-0.8574	0.5422	-0.9585	-0.9976	1
-0.7750	0.5135	-0.8493	0.1934	-0.7744	-0.9876	2
-0.9000	0.6108	-0.8534	0.4392	-0.8937	-0.9949	2
-0.9750	0.6108	-0.9226	0.4729	-0.9697	-0.9987	3
-0.9750	0.6108	-0.9226	0.4729	-0.9697	-0.9987	3
-0.9500	0.7081	-0.8914	0.4864	-0.9453	-0.9977	2
-0.8333	0.5135	-0.8276	0.3363	-0.8323	-0.9908	1
-0.9167	0.8054	-0.6158	0.8396	-0.9089	-0.9963	2

6.3 智能判别模型研究与建立

前面研究建立了多源信息融合数据处理模型，接下来将针对页岩气地质导向过程中的影响因素加以分析和改进，建立基于莱维飞行灰狼支持向量机的智能判识模型，使钻头在钻进过程中及时调整方向和速度避免顶底出。具体表现为融合多源信息训练 LGWO 模型，然后根据得出的 best c、best g 值，用于训练 SVM 模型[10]（图 6-9），由此判识出地层特征并判断是否处于顶、底板出层的情况。

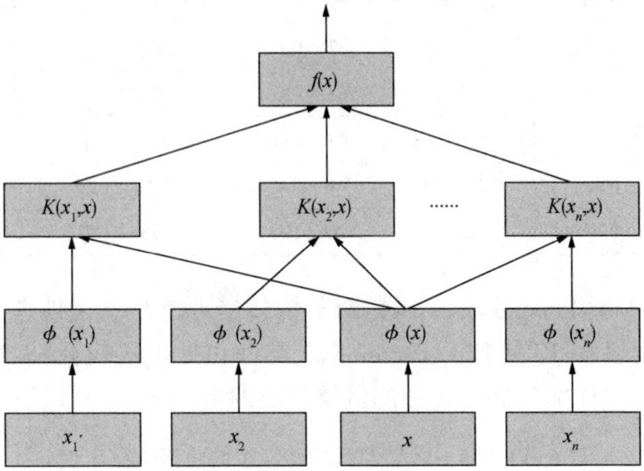

图 6-9　SVM 结构图

6.3.1 支持向量机基本理论

设训练集 $T=\{(x_1, y_1), \cdots, (x_n, y_n)\}\in(R^n\times Y)^N$，其中 $x_i\in R^n$，$y_i\in Y=\{-1, 1\}$，$f(x)=\omega\cdot x+b$ 引入从空间 R^n 到 H 的变换 $x=\phi(x)$；ϕ：$R^n\rightarrow H$，$x\rightarrow x=\phi(x)$，训练集 T 经变换后[11]变为 $T=\{(x_1, y_1), \cdots, (x_n, y_n)\}\in(H\times Y)^N$，公式如下。

hinge 损失函数

$$\ell(y_i(\omega\cdot\phi(x_i)+b))=\begin{cases}0, & y_i(\omega\cdot\phi(x_i)+b)>1\\ 1-y_i(\omega\cdot\phi(x_i)+b), & y_i(\omega\cdot\phi(x_i)+b)\leqslant 1\end{cases} \tag{6-9}$$

引入松弛变量 ε_i 和惩罚参数 ξ：

$$\begin{cases} \min\limits_{\omega, b, \varepsilon} \frac{1}{2} \|\omega\|^2 + \xi \sum_{i=1}^{l} \varepsilon_i \\ s.t \begin{cases} y_i((\omega \cdot \phi(x_i)) + b) \geq 1 - \varepsilon_i, i = 1, \cdots, n \\ \varepsilon_i \geq 0, i = 1, \cdots, n \end{cases} \end{cases} \tag{6-10}$$

6.3.1.1 拉格朗日函数

$$L(\omega, b, \alpha, \varepsilon, \mu) = \frac{1}{2} \|\omega\|^2 + \xi \sum_{i=1}^{n} \varepsilon_i + \sum_{i=1}^{n} \alpha_i (1 - \varepsilon_i - y_i(\omega \cdot \phi(x_i) + b)) - \sum_{i=1}^{n} \mu_i \varepsilon_i \tag{6-11}$$

$\alpha_i \geq 0$，$\mu_i \geq 0$ 为拉格朗日乘子。

令 $L(\omega, b, \alpha, \varepsilon, \mu)$ 对 ω，b，ε_i 的偏导为零可得式(6-12)，求解式(6-12)可得式(6-13)：

$$\begin{cases} \frac{\partial L}{\partial \omega} = 0 \\ \frac{\partial L}{\partial b} = 0 \\ \frac{\partial L}{\partial \varepsilon_i} = 0 \end{cases} \tag{6-12}$$

$$\begin{cases} \omega = \sum_{i=1}^{n} \alpha_i y_i \phi(x_i) \\ 0 = \sum_{i=1}^{n} \alpha_i y_i \\ \xi = \alpha_i + \mu_i \end{cases} \tag{6-13}$$

将式(6-13)带入式(6-11)即可得到式(6-10)的对偶问题式(6-14)

$$\begin{cases} \max\limits_{\alpha} \sum_{i=1}^{n} \alpha_i - \frac{1}{2} \sum_{i=1}^{n} \sum_{i=1}^{n} \alpha_i \alpha_j y_i y_j k(x_i, x_j) \\ s.t \begin{cases} \sum_{i=1}^{n} \alpha_i y_i = 0, \\ 0 \leq \alpha_i \leq \xi, i = 1, \cdots, n \end{cases} \end{cases} \tag{6-14}$$

$K(x, x_i) = (\phi(x) \cdot \phi(x_i))$ 为核函数，本文选定的高斯核函数为：

$$K(x, x_i) = exp\left(-\frac{\|x - x_i\|^2}{\sigma^2}\right) \quad \sigma > 0 \tag{6-15}$$

6.3.1.2 高斯核函数

高斯核函数对样本距离与核半径 ε 在相当少的样本产生影响。高斯核函数插值能力、学习能力强，可以对样本的局部特征进行有效提取。高斯核函数的参数只有一个，即核半径 ε，在数值实验的使用过程中，惩罚参数 ζ 对高斯核支持向量机分类效果有着较大的影响，所以将惩罚参数 ζ 也视为核参数，与核半径纳入统一框架[12]。

(1) 参数 ε 的影响

高斯核函数性能的好坏与 ε 的大小有关，当 $\varepsilon \ll \max\{\|x_i - x_j\|\}$，$\varepsilon$ 具有趋近于 0 的效果；反之 ε 将趋近于无穷。ε 过大导致高斯核函数的分类性能比较差，ε 过小则出现过度拟合的现象，从而降低分类性能。基于此，本文通过分析高斯核函数参数性质，提出一种狼群优化算法对高斯核参数 ε 及惩罚参数 ζ 进行优化求解，从而提高高斯核函数的分类性能。

(2) 误差惩罚参数 ζ

$$\begin{cases} \min \dfrac{1}{2} \| \omega^2 \| + \zeta \sum\limits_{i=1}^{j} (\zeta_i + \zeta_i^*) \\ s.t \begin{cases} y_i[(\omega \cdot x) + b] \geqslant 1 - \zeta \\ \zeta_i \geqslant 0 \end{cases} \end{cases} \tag{6-16}$$

ζ 称为误差惩罚参数。ζ 表示的是对错分样本成惩罚程度，如果当 ζ 取无穷大时，则需要满足所有条件，即训练样本必须进行准确的分类，每个特征子空间至少存在一个合理的误差惩罚参数 ζ，可以使支持向量机的推广能力达到较好效果。当 ζ 超过一定值时，其对分类的影像效果几乎不再变化[13]。

根据式(6-14)和式(6-15)可以解出式(6-17)和式(6-18)

$$\omega^* = \sum_{i=1}^{n} \alpha_i y_i \exp\left(-\frac{\|x - x_i\|^2}{\varepsilon^2}\right) \tag{6-17}$$

$$b = \frac{1}{|S|} \sum_{0<\alpha_i<\xi} \left(\frac{1}{\sum\limits_{i\in S} \alpha_i y_i k(x, x_i) + b} - \sum_{i\in S} \alpha_i y_i k(x, x_i) \right) \tag{6-18}$$

6.3.2 粒子群算法的基本理论

粒子群算法是基于鸟群迁徙行为的思想。把每一只鸟看成一个粒子，代表一个潜在的可行解，食物的位置看作全局最优解，每个粒子都在一个 n 维空间上搜索全局最优解，并且每个具有记忆功能的粒子在自己搜索的过程中得到各自的历史最佳位置，也称个体极值；全体粒子在迭代过程中的历史最佳位置称为全体极值。群落中的粒子根据自己的最佳位置和全体粒子的最佳位置调整自己的速度和方向，从而更好、更快地接近“食物”。

PSO 算法的数学语言描述如下，假设现有一个 N 个粒子构成的种群，每个粒子 i 在任意时刻的位置均是决策空间的一个 n 维向量，在迭代时刻 t，粒子的位置可记为 $x_i(t)=[x_{i1}(t), x_{i2}(t), \cdots, x_{in}(t)]^T$，$(i=1, 2, \cdots, N)$，每个粒子的适应度可由 $x_i(t)$ 代入目标函数或适应度函数求得，粒子的优劣是由粒子适应值大小决定的。比较每个粒子 i 的当前位置与历次迭代过程中的位置，得出粒子 i 在第 t 次迭代中的历史最优位置，简称个体极值，记为 $X_i^{pb}(t)=[X_{i1}^{pb}(t), X_{i2}^{pb}(t), \cdots, X_{in}^{pb}(t)]^T$；全体粒子的历史最优位置也称粒子在第 t 次迭代中的全局极值，记为 $X_i^{gb}(t)=[X_{i1}^{gb}(t), X_{i2}^{gb}(t), \cdots, X_{in}^{gb}(t)]^T$（全局极值不唯一，方便起见仍采用与个体极值相对应的符号，但此式中的 i 不再是粒子的符号 i。每个粒子 i 在第 t 次迭代中各自相对应的速度记为 $v_i(t)=[v_{i1}(t), v_{i2}(t), \cdots, v_{in}(t)]^T$，$(i=1, 2, \cdots, N)$。

粒子 i 在第 t 次迭代中的个体极值 $X_i^{pb}(t)$ 的每一维均由以下公式更新：

$$X_{id}^{pb}(t+1)=\begin{cases} x_{id}(t+1), & F(x_{id}(t+1))<F(X_{id}^{pb}(t)) \\ X_{id}(t), & F(x_{id}(t+1))\geqslant F(X_{id}^{pb}(t)) \end{cases} \tag{6-19}$$

其中 $F(x)$ 为适应度函数。

所有粒子在第 t 次迭代中的全局极值 ${X^{gb}}_i(t)$ 的每一维均按如下方式选取：

$$X_{id}^{pb}(t+1)=arg\{\min F(X_{id}^{pb}(t+1))\} \tag{6-20}$$

其中 arg 表示函数值 $F(x)$ 对应的自变量 x 的值，${X^{gb}}_i(t+1)$ 即为第 $t+1$ 次迭代中粒子的全局优化位置。

在第 $t+1$ 次迭代中，粒子 i 的位置 $x_i(t+1)$ 的每一维和速度 $v_i(t+1)$ 的每一维按照下述方式更新：

$$\begin{cases} v_{id}(t+1)=v_{id}(t)+c_1 r_{i1,t}(X_{id}^{pb}(t)-x_{id}(t))+c_2 r_{i2,t}(X_{id}^{pb}(t)-x_{id}(t)) \\ x_{id}(t+1)=x_{id}(t)+v_{id}(t+1) \end{cases} \tag{6-21}$$

$$\begin{cases} v_{id}=v^{\max}, & v_{id}>v^{\max} \\ v_{id}=-v^{\max}, & v_{id}<v^{\max} \end{cases} \tag{6-22}$$

上式 $v^{\max}$ 为常数，c_1，c_2 称为学习因子是非负常数；r_{i1}，r_{i2} 为 0 和 1 之间的随机数；粒子的速度更新公式可以分为三部分：第一部分 $v_{id}(t)$ 表示粒子 i 在第 t 次迭代过程中的速度 $v_i(t)$ 的第 d 维，说明粒子具有自身开拓和探索新区域的能力，使算法具有全局搜索的能力，常用以平衡粒子的全局和局部搜索能力；第二部分代表粒子的自我学习能力，使粒子具有较强的局部搜索能力；第三部分可以看作粒子向种群中其他成员学习的能力，体现了粒子间的信息共享。

注：下文不再强调维数，如粒子每一维的速度更新公式简称为速度更新公式。

原始粒子群算法步骤如下：

步骤1：随机初始化粒子；

步骤2：计算每个粒子的适应度；

步骤3：根据公式(4-11)对粒子的个体极值进行更新；

步骤4：根据公式(4-12)更新全局最优位置；

步骤5：根据公式(4-13)，公式(4-14)和更新粒子的速和位置；

步骤6：如果没有达到终止条件(一般为预设最大迭代次数或预设适应度值)，则返回步骤2，否则结束算法。

6.3.3 灰狼算法的基本理论

灰狼算法(Grey Wolf Optimization，GWO)[14]是2014年由Mirjalili. S. 等提出的一种新的群智能优化算法，启发于灰狼种群的社会等级和狩猎行为[15][16]：灰狼有严格的等级制度，狼群的首领是α，主要负责给整个狼群做出决定，代表最优解；第二个等级的狼是β，是帮助α做决策或其他活动的下属狼，同时β也可以命令其他较低等级的狼，代表次优解；第三个等级的狼为δ，δ狼必须服从α和β。除了狼的等级制度，狼群的另一个典型的社会行为就是群体狩猎。根据文献提出的灰狼主要狩猎阶段如下：

(1) 跟踪、追逐、接近猎物；

(2) 包围、扰乱猎物，直到猎物停止移动；

(3) 攻击猎物；

(4) α，β引导狩猎，δ跟随狩猎。

GWO算法的数学模型可用以下公式定义[17]：

如上所述，狼群在狩猎过程中首先接近、包围猎物，此行为数学模型遵循方程：

$$\vec{D}=|\vec{C}\cdot\overrightarrow{X_p(t)}-\overrightarrow{X(t)}| \tag{6-23}$$

$$\overrightarrow{X_p(t+1)}=\overrightarrow{X_P(t)}-\vec{A}\cdot\vec{D} \tag{6-24}$$

上述公式中，t表示当前迭代，$\vec{A}$和$\vec{C}$是协同系数向量，$\overrightarrow{X_p}$代表猎物的位置向量，$\vec{X}$表示灰狼的位置向量，灰狼的位置根据猎物的位置改变而更新。$\vec{A}$

和$\vec{C}$系数的计算公式如下：

$$\vec{A}=2\vec{a}\times\vec{r_1}-\vec{a} \tag{6-25}$$

$$\vec{C}=2\vec{r_2} \tag{6-26}$$

式中，$\vec{a}$在迭代过程中从2到0线性递减，$\vec{r_1}$，$\vec{r_2}$是[0，1]内的随机向量。

根据上述式(6-23)至式(6-26)，在狩猎过程中灰狼个体在二维以及三维空间的位置如图6-10所示，可以看出灰狼的位置(X，Y)根据猎物的位置(X^*，Y^*)更新，通过改变向量$\vec{A}$和$\vec{C}$的值，可以由当前位置到达最好位置周围。(X^*-X，Y^*)可以通过设置$\vec{A}$=(1，0)和$\vec{C}$=(1，1)实现。同时，随机向量$\vec{r_1}$和$\vec{r_2}$可保证灰狼到达各点之间的任何位置。

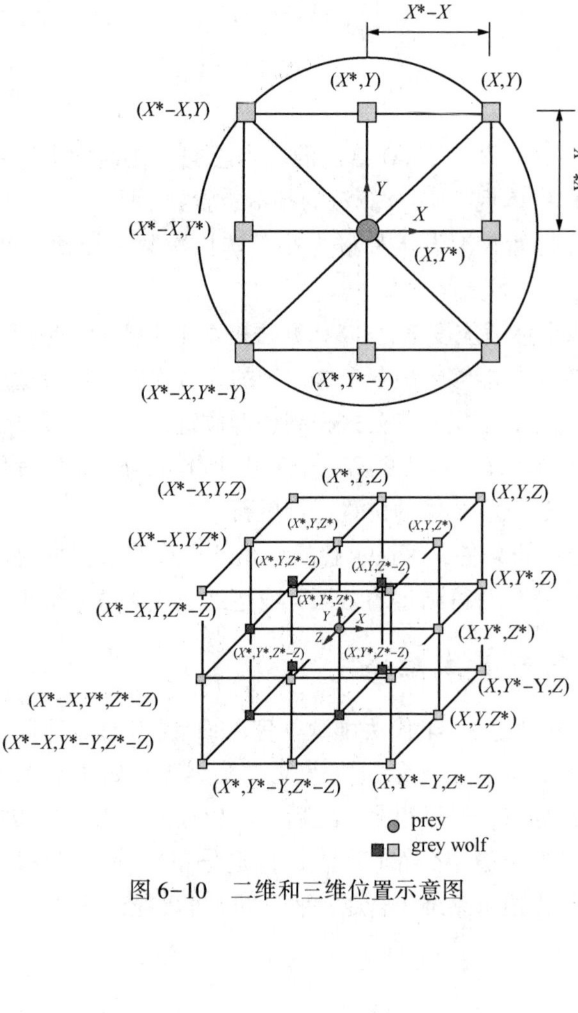

图6-10　二维和三维位置示意图

为了模拟整个狼群的狩猎过程，假设三个等级 α、β、δ 能优先找到猎物的潜在位置，保存当前获得的最好三个解，用式(6–27)与式(6–28)表示，并引导其他狼群根据最好的三个位置更新，如式(6–29)。

$$\begin{cases}\overrightarrow{D_\alpha}=|\overrightarrow{C_1}\times\overrightarrow{X_\alpha}-\vec{X}|\\\overrightarrow{D_\beta}=|\overrightarrow{C_2}\times\overrightarrow{X_\beta}-\vec{X}|\\\overrightarrow{D_\delta}=|\overrightarrow{C_3}\times\overrightarrow{X_\delta}-\vec{X}|\end{cases} \tag{6-27}$$

$$\begin{cases}\overrightarrow{X_1}=\overrightarrow{X_\alpha}-\overrightarrow{A_1}\times\overrightarrow{D_\alpha}\\\overrightarrow{X_2}=\overrightarrow{X_\beta}-\overrightarrow{A_2}\times\overrightarrow{D_\beta}\\\overrightarrow{X_3}=\overrightarrow{X_\delta}-\overrightarrow{A_3}\times\overrightarrow{D_\delta}\end{cases} \tag{6-28}$$

$$\overrightarrow{X(t+1)}=\frac{\overrightarrow{X_1}+\overrightarrow{X_2}+\overrightarrow{X_1}}{3} \tag{6-29}$$

灰狼的位置更新是设计 GWO 算法的基本思想，在搜索个体跟踪猎物、接近猎物、捕食等操作中体现。GWO 算法的基本步骤如下[18]：

步骤 1：种群初始化，设定种群大小、迭代次数、搜索空间维度以及初始位置；

步骤 2：计算个体适应度值，GWO 算法是基于个体的适应度进行的操作，所以，合理的适应度函数能够体现各个体相对的优劣程度，比较适应度值并找到最优的三个个体 α、β、δ 根据狩猎公式得到种群位置；

步骤 3：更新与选择，迭代更新三个最优个体 α、β、δ 位置代表的猎物潜在位置，狼群位置通过三个个体的位置进行更新；

步骤 4：确定终止条件，算法求解的终止条件按照目标问题的性质确定，对适应度进行评价，直到获得满意的结果，或达到迭代次数，输出结果。

6.3.4 莱维飞行基本理论

莱维分布是 19 世纪 30 年代法国数学家 Levy 提出的一种概率分布，一经提出就有许多学者对其进行了大量研究[19-20]。莱维飞行属于马尔可夫过程。对一般的类幂律的步长分布，经过很多步之后与起始点的距离的分布将会因一般化的中心极限定理而趋近于稳定分布(莱维 α 稳定分布)。因此，很多随机行走过程都可以用莱维飞行描述，莱维飞行是一种随机搜索路径，指的是步长的概率分布为重尾分布的随机行走即说在随机行走的过程中有相对较高的概率出现大跨步。采用莱维飞行可以提高算法的全局搜索能力，防止种群多样性减少。莱维积分形式如式(6-30)所示。

$$\text{Levy}(S)=\frac{1}{\pi}\int_0^{+\infty}\exp(-\beta\,|k|^{\lambda})\cos(ks)\,dk \tag{6-30}$$

在后续的研究中人们发现，当 $s\gg s_0>0$，

$$\text{Levy}(S)\approx\frac{\lambda\beta\Gamma(\lambda)\sin\left(\frac{\pi\lambda}{2}\right)}{\pi}\cdot\frac{1}{s^{1+\lambda}} \tag{6-31}$$

其中：

$$\beta=1.5,\ \Gamma(z)=\int_0^{+\infty}t^{z-1}e^{-t}\mathrm{d}t \tag{6-32}$$

这个近似分布呈现重尾分布。莱维飞行的方差随着时间呈现指数关系，即：

$$\sigma^2(t)\sim t^{3-\beta},\ 1\leqslant\beta\leqslant3$$

因此莱维飞行对比随机游走更加出色。在实际应用中通常使用 Mantegna 法生成服从莱维分布的随机数，公式如下(6-33)所示。

$$\text{levy}(S)=\frac{\mu}{|v|^{\frac{1}{\beta}}} \tag{6-33}$$

式中：

$$u\sim N(0,\ \sigma_u^2),\ v\sim N(0,\ \sigma_v^2),\ \sigma=\left\{\frac{\Gamma(1+\beta)\sin(\pi\beta/2)}{\beta\Gamma\frac{(1+\beta)}{2}2^{\frac{\beta-1}{2}}}\right\}^{\frac{1}{\beta}}$$

最终，粒子运动的步长为，

$$\text{stepsize}=\alpha\times\text{levy}(S) \tag{6-34}$$

式中 α 为调节因子，根据不同的具体问题调节步长，这样才不会使飞行的步长过大或过小，从而保持在合适的范围内。

在 LGWO 算法中，当适应度值连续 Limit 没有显著变化(变化量小于 0.0001)时，就判定算法出现了陷入局部极值的情况，进而使用莱维飞行策略帮助算法及时跳出。对于当前 $x_i^{(t)}$ 时刻使用下式产生下一时刻的候选解 $x_i^{(t+1)}$：

$$x_i^{(t+1)}=x_t^i+\theta\oplus levy(\beta) \tag{6-35}$$

式中，$\oplus$为元素相乘；θ 为[0，1]随机数；β=1.5。

综上所述，莱维灰狼算法的流程图如图 6-11 所示。

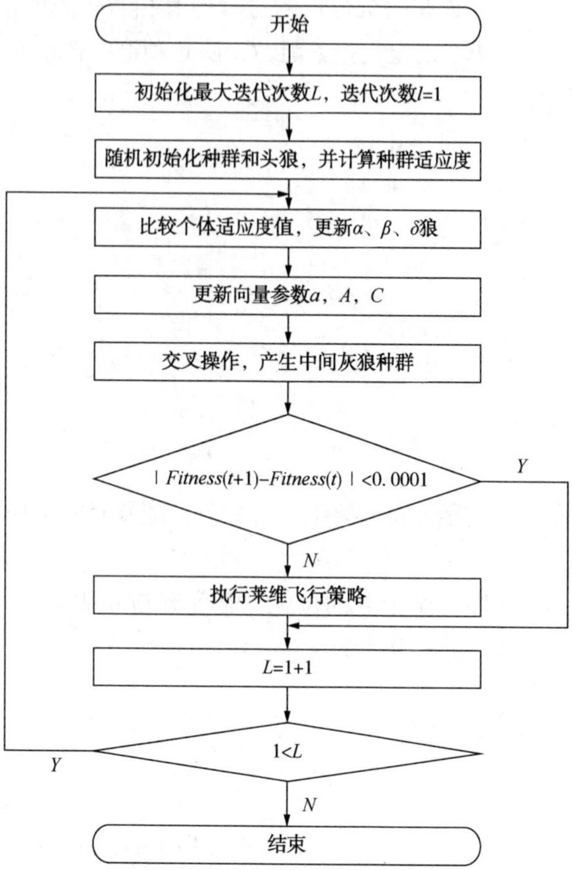

图 6-11　流程图

在本节中使用 Sphere 和 Rastrigin 测试函数来验证算法性能。将莱维灰狼算法(LWGO)、灰狼算法(GWO)、粒子群算法(PSO)进行性能对比。在实验中，种群规模设为 50，迭代次数设为 300。每个算法进行 10 次重复试验消除偶然性。

(1) here 函数参数设置及属性

Sphere 函数为单峰函数，是由 d 个定义域相同的自变量取最小值时，求平方和得到，函数表现形式如公式(6-36)所示，Sphere 函数初始化值如表 6-14 所示：

$$f(x) = \sum_{i=1}^{d} x_i^2 \tag{6-36}$$

表 6-14 Sphere 函数初始化值

函数	变量维数	搜索范围	最优解	最佳适应度值
Sphere	30	[-5.12 5.12]	(0，……，0)	0

由 6-12 图可知该函数它是连续的且只有一个全局最小值。

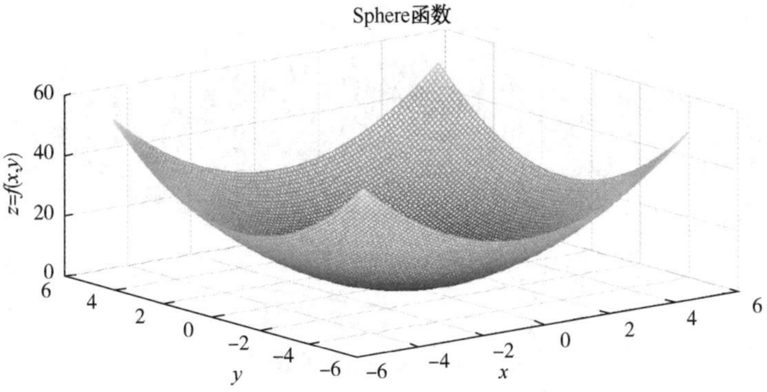

图 6-12 Sphere 函数图

(2) strigin 函数参数设置及属性

Rastrigin 函数为多峰函数，函数是基于 De Jong 函数，增加了一个余弦调制传递函数来产生频繁的局部最小值，函数表现形式如公式 6-37 所示，Rastrigin 函数初始化值如表 6-14 所示：

$$f(x)=\sum_{i=1}^{d}(x_i^2-10\cos(2\pi x_i)+10) \tag{6-37}$$

表 6-15 Rastrigin 函数初始化值

函数	变量维数	搜索范围	最优解	最佳适应度值
Rastrigin	30	[-5.12 5.12]	(0，……，0)	0

由图 6-13 可知该函数存在多个局部最小值，但只有一个全局最小值。检测算法实用性。

为了验证 LGWO 的寻优能力，本文选择 GWO 和 PSO 进行对比分析，选取 Sphere 函数和 Rastrigin 函数两个基准测试函数，其中 Sphere 函数是单峰基准测试函数，Rastrigin 函数是多峰基准测试函数，直观地反映 LGWO，PSO，GWO 算法的寻优能力。

图 6-14、图 6-15 给出了 LGWO，GWO，PSO 算法的函数寻优收敛曲线。可以看出，对于 Sphere 单峰基准测试函数，LGWO 的寻优结果更加接近最优值，且

稳定性更佳，PSO 表现次之，GWO 表现最差。对于 Rastrigin 多峰基准测试函数，LGWO 和 GWO 算法寻优能力相近，在获得稳定目标函数值时，相比较于 GWO，LGWO 的迭代次数更少，LGWO 的收敛速度最快，而 PSO 不稳定且需要迭代次数最多，收敛速度最慢。

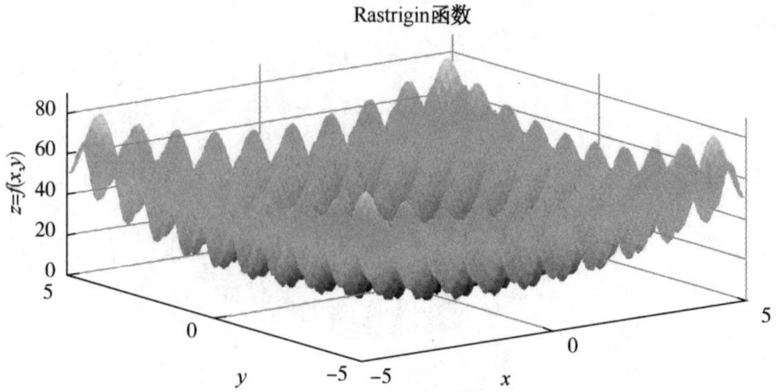

图 6-13　Rastrigin 函数图

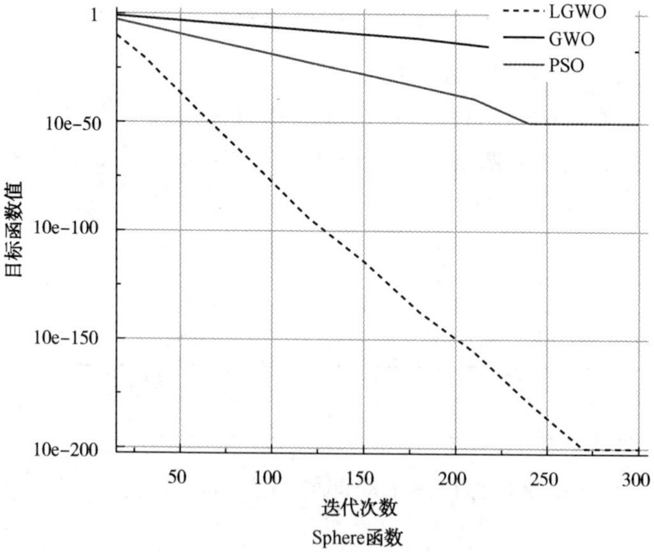

图 6-14　Sphere 目标函数图

6.3.5　页岩气地质导向模型及对比分析

本章将元素和能谱数据集以及 PCA 特征重构的多源信息融合数据集(mapminmax 归一化处理)作为模型的输入，并利用莱维灰狼算法(LGWO)对模型的参数进行优化，建立莱维灰狼优化支持向量机(LGWO-SVM)地质导向判识模型。利用样本验证粒子群优化支持向量机(PSO-SVM)[21]，灰狼优化支持向量机(GWO-SVM)和莱维灰狼支持向量机(LGWO-SVM)模型的性能，输出顶出、储层以及底出标签分别对于标签1、2、3并进行模型对比分析。

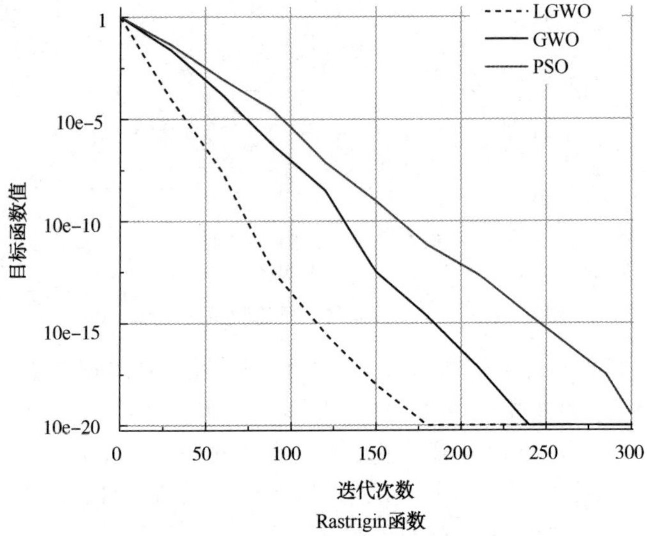

图 6-15 Rastrigin 目标函数图

6.3.5.1 PSO-SVM 模型的地层判识

基于多源信息融合原始数据集和特征重构数据集建立的 PSO-SVM 模型的寻优适应度曲线如图 6-16A、图 6-16B 所示。模型设置初始条件：种群规模设为50，迭代次数设为300，初始位置为原点，算法进行10次重复试验消除偶然性。

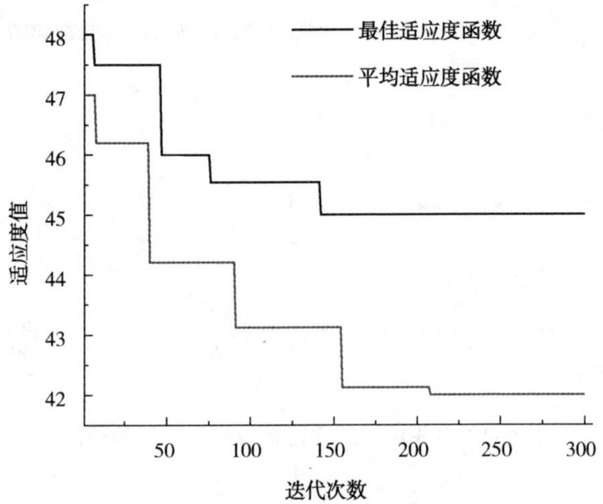

图 6-16A PSO-SVM 原始数据适应度函数

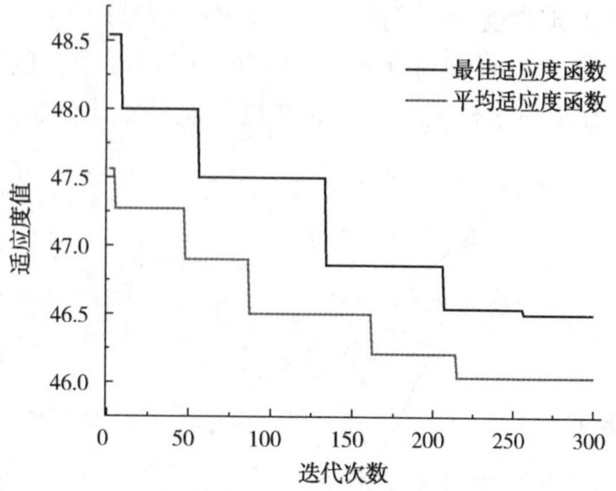

图 6-16B　PSO-SVM 特征重构数据适应度函数

相比于多源信息原始数据适应度函数，多源信息特征重构数据适应度函数的平均适应度曲线和最优适应度曲线展现出的准确率更高，说明各代种群中的个体更加优异。

对比图 6-17、图 6-18 可知，基于特征重构多源数据集建立的 PSO-SVM 模型精度达到了 80%，超过了原始多源数据集的 74.33%，明显地规避了 230 左右样本数的错误预测，提高了地层判识的准确率。

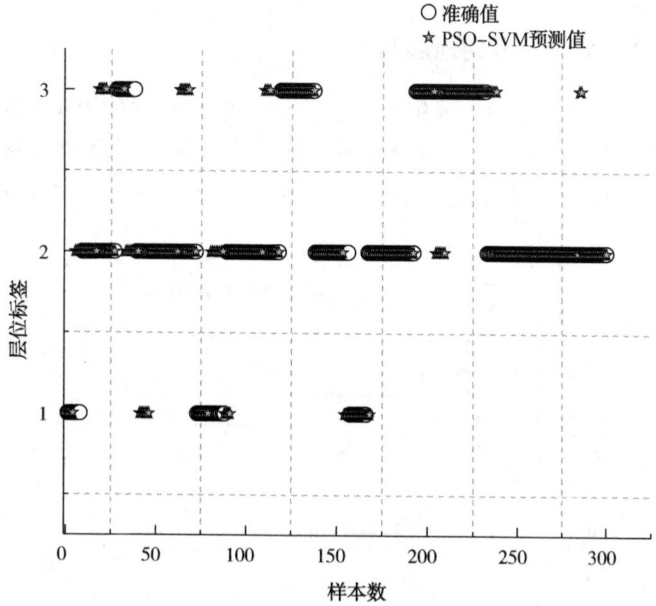

图 6-17　PSO-SVM 多源信息原始数据预测图

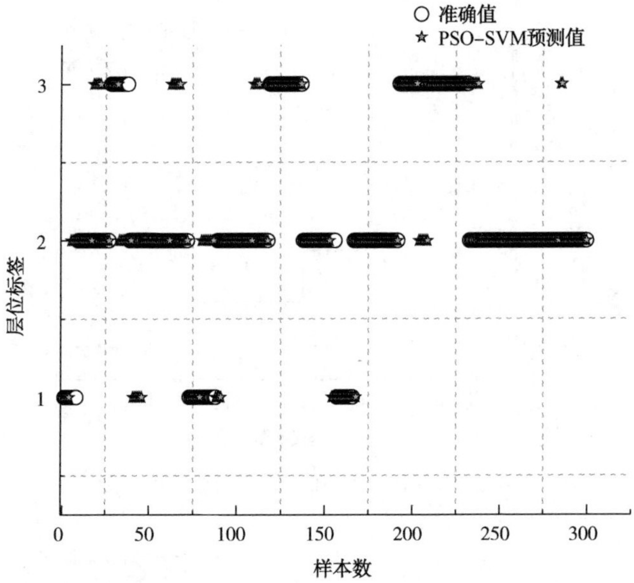

图 6-18　PSO-SVM 多源信息特征重构数据预测图

由 6-16 表可以看出，受 PSO 算法的限制，基于多源信息原始数据集，模型对地质导向判识地层准确率不稳定。而基于特征重构的多源信息数据集建立的 PSO-SVM 模型，在支持向量机模型的交叉精度和地层判别分类准确率均高于原始数据集建立的 PSO-SVM 模型，说明了基于特征重构的多源融合数据集所建立的地质导向模型有良好的泛化能力。

表 6-16　PSO-SVM 预测结果对比

PSO-SVM	Best *c*	Best *g*	交叉精度	预测准确率
原始数据	84.27	24.46	78.15%	74.33%
重构数据	73.68	16.51	81.24%	80.14%

6.3.5.2　GWO-SVM 模型的地层判识

基于多源信息融合原始数据集和特征重构数据集建立的 GWO-SVM 模型的寻优适应度曲线如图 6-16A、图 6-16B 所示。模型设置初始条件：种群规模设为 50，迭代次数设为 300，搜索空间维度为 3，初始位置为原点，进行 10 次重复试验以消除偶然性。

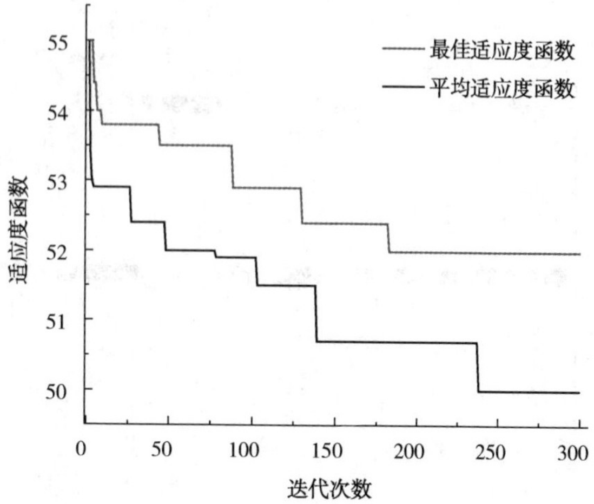

图 6-19A　GWO-SVM 原始数据适应度函数

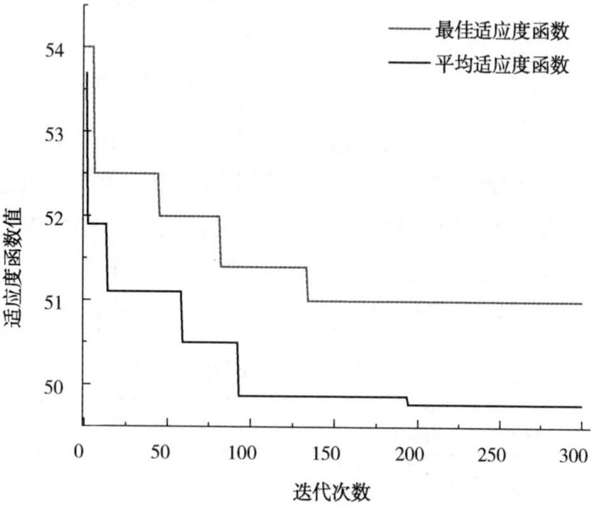

图 6-19B　GWO-SVM 特征重构数据适应度函数

多源信息原始数据适应度函数的稳定性不高，随着迭代次数的增加，平均适应度函数与最优适应度函数变化大体一致。多源信息特征重构数据的平均适应度曲线的准确率有提升，并且在迭代的中后期开始趋于平缓。

对比图 6-20、图 6-21 可知，基于特征重构数据集，在 75 组数据中正确预测层位标签，但原始数据集和特征数据集在 275 组数据中仍然在预测时出现了错误判断出顶、底出情况，说明在明显避免了在原始数据集中的错误，模型在预测部分地层时仍有不足。

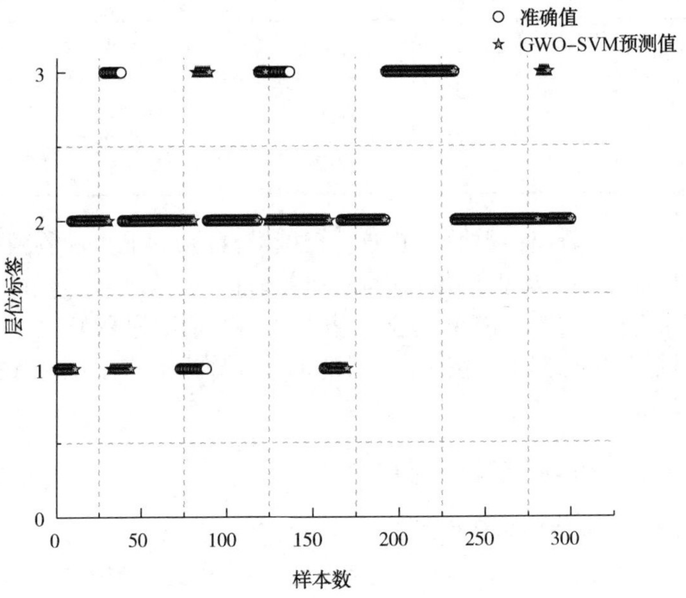

图 6-20 GWO-SVM 多源信息原始数据预测图

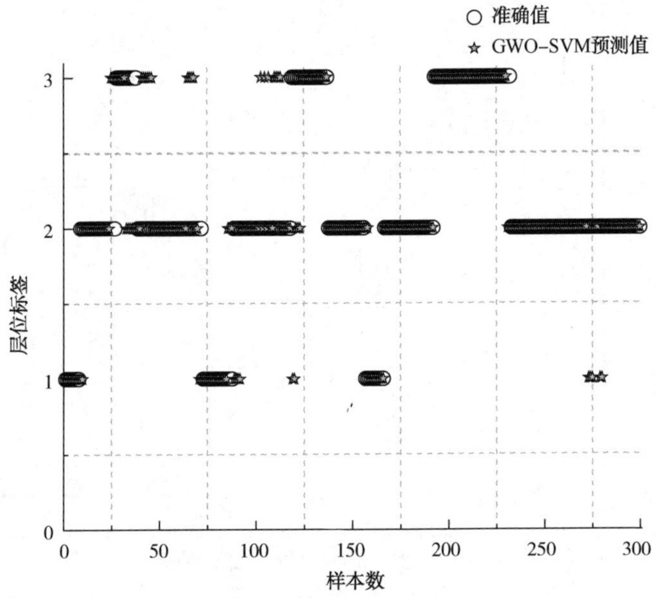

图 6-21 GWO-SVM 多源信息特征重构数据预测图

表 6-17　GWO-SVM 预测结果对比

GWO-SVM	Best c	Best g	交叉精度	预测准确率
原始数据	92.17	20.78	83.14%	81.19%
重构数据	84.56	21.91	86.10%	86.37%

由表 6-17 可以看出，得益于 GWO 算法优异的搜索能力和收敛能力，基于多源信息原始数据集以及基于特征重构的多源信息数据集训练得到的模型精度均具有较强的稳定性，GWO-SVM 的交叉精度和模型精度均高于 PSO-SVM 模型，在支持向量机模型的交叉精度和地层判别预测准确率均高于原始数据集建立的 PSO-SVM 模型。

6.3.5.3　LGWO-SVM 模型的地层判识

基于多源信息融合原始数据集和特征重构数据集建立的 LGWO-SVM 模型的寻优适应度曲线如图 6-22A，图 6-22B 所示。模型设置初始条件：种群规模设为 50，迭代次数设为 300，搜索空间维度为 3，初始位置为原点，算法进行 10 次重复试验消除偶然性。

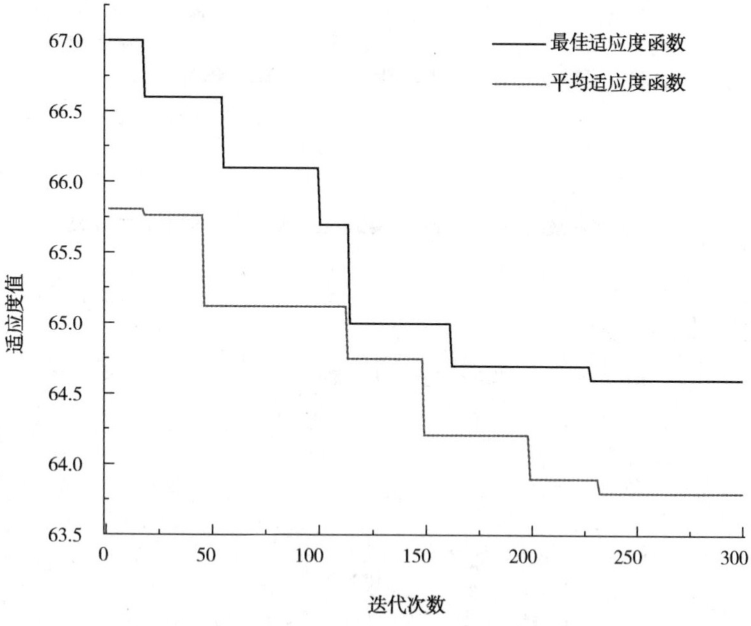

图 6-22A　LGWO-SVM 原始数据适应度函数

多源信息原始数据适应度函数的稳定性不高，随着迭代次数的增加，平均适应度函数与最优适应度函数变化大体一致。多源信息特征重构数据的平均适应度曲线的准确率有提升，并且在迭代的中后期开始趋于平缓。

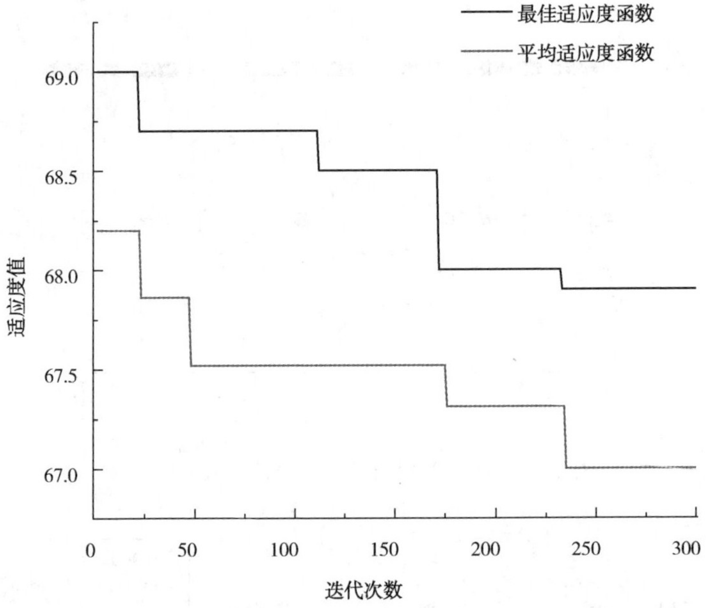

图 6-22B　LGWO-SVM 特征重构数据适应度函数

如图 6-23、图 6-24 所示，得益于 LGWO 算法优异的搜索能力和收敛能力，基于多源信息数据集以及基于特征重构的多源信息数据集训练得到的模型具有较高的精度以及稳定性，基于特征重构数据集，在 200 组数据以后全部正确预测层位标签，但原始数据集和特征数据集在 240 组数据中仍然在预测时出现错误判断出顶、底出情况。

由表 6-18 可知，原始数据集建立的支持向量机模型的交叉精度达到 87.14%，基于特征重构的数据集建立的支持向量机模型的交叉精度达到 90.10%。原始数据集建立的 LGWO-SVM 模型地层预测准确率达到 89.54%，基于特征重构的数据集建立的 LGWO-SVM 模型地层预测准确率达到 93.28%，在迭代过程中该模型的平均适应度曲线的准确率更高。

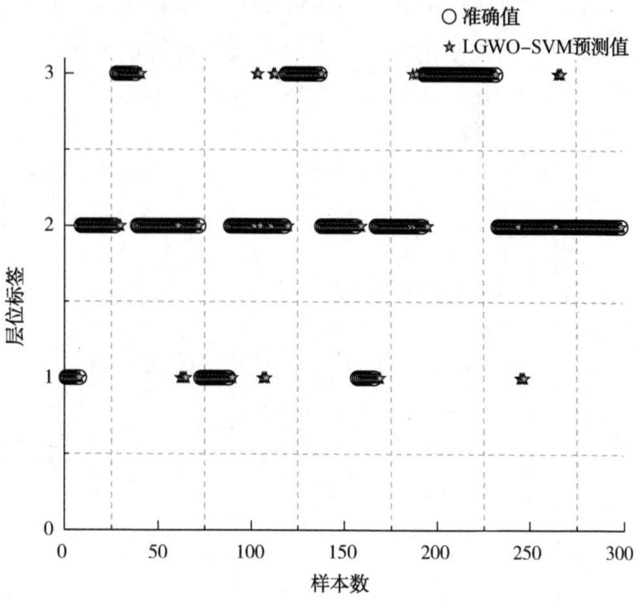

图 6-23　LGWO-SVM 多源信息原始数据预测图

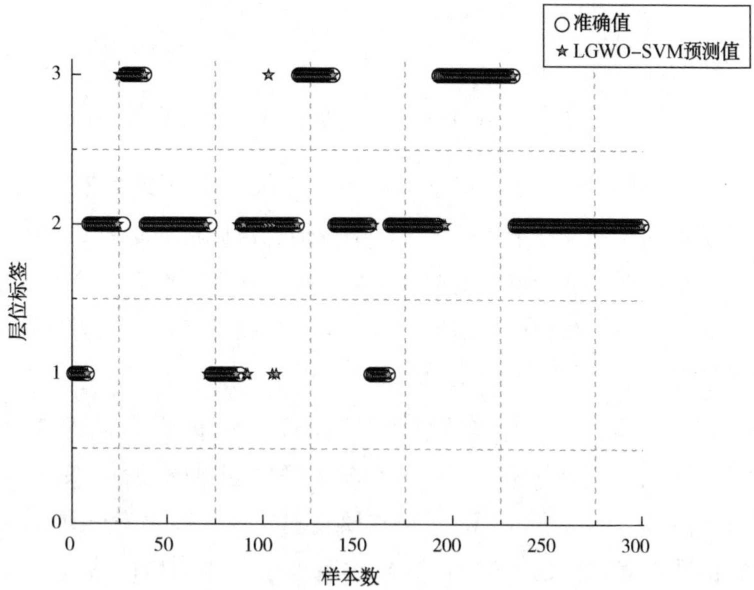

图 6-24　LGWO-SVM 多源信息原始数据预测图

表 6-18 LGWO-SVM 预测结果对比

LGWO-SVM	Best c	Best g	交叉精度	预测准确率
原始数据	91.07	18.51	87.14%	89.54%
重构数据	83.56	19.89	90.10%	93.28%

6.3.5.4 判别结果对比及分析

本节将基于多源信息原始数据集、特征重构的多源信息数据集所建立的PSO-SVM、GWO-SVM、LGWO-SVM 模型对应的实验结果进行了汇总对比，表6-19 展示了各算法在两个数据集下分别运行 10 次的模型结果。

表 6-19 三种模型预测结果对比

模型	数据类型	Best c	Best g	平均交叉精度	预测准确率
PSO-SVM	原始数据	85.31	21.82	79.19%	77.21%
	特征重构	74.21	17.91	82.46%	83.16%
GWO-SVM	原始数据	91.88	24.39	84.57%	84.95%
	特征重构	85.57	22.86	87.19%	87.11%
LGWO-SVM	原始数据	95.75	24.51	88.49%	90.27%
	特征重构	86.74	23.81	92.52%	94.22%

由表 6-19 可知，基于特征重构的多源数据集所建立的地质导向模型，在模型平均交叉精度和预测准确率上都高于基于多源信息原始数据集的地质导向模型的相关精度。相较于 PSO-SVM 和 GWO-SVM 两种模型，基于特征重构的多源信息数据集建立的 LGWO-SVM 模型有着最高的平均交叉精度和预测准确率，说明了本文提出的基于特征重构的多源信息数据建立的 LGWO-SVM 模型能对训练样本进行充分的学习，具备优秀的泛化性以及预测能力，更有利于地层的识别。

参 考 文 献

[1] Park J H, Lee N Y . Study of Big Data Analysis Procedures[J]. Advances in Computer Science and Ubiquitous Computing, 2016, 421: 1025-1030.

[2] 于兆辉 . 向家坝过机船舶吃水航速检测系统数据处理的研究[D]. 大连海事大学 .

[3] 杨露菁 . 新一代信息通信规划教材多源信息融合理论与应用[M]. 北京: 北京邮电大学出版社, 2005: 1-22.

[4] 王新涛 . 多源信息融合方法研究[D]. 哈尔滨: 哈尔滨工程大学, 2012.

[5] 简小刚, 贾鸿盛, 石来德 . 多传感器信息融合技术的研究进展[J]. 中国工程机械学报, 2009, (2): 227-232.

[6] MDebruyne, M Hubert. Detecting influential observations in Kernel PCA[J]. Computational Statistics & Data Analysis, 2010, 54(12), 3007-3019.

[7] 张进 . 分布式异构数据集的 PCA 技术研究[D]. 南京邮电大学, 2019.

[8] 余忠永 . 基于深度学习的行人再识别技术研究[D]. 重庆邮电大学, 2019.

[9] Jade A M, Srikanth B, Jayaraman V K, et al. Feature extraction and denoising using kernel PCA[J]. Chemical Engineering Science, 2003, 58(19): 4441-4448.

[10] Srivastava D K, Bhambhu L . Data classification using support vector machine[J]. Journal of Theoretical & Applied Information Technology, 2010, 12(1): 243-248.

[11] Chih - Wei Hsu, Chih - Jen Lin. A comparison of methods for multiclass support vector machines[J]. IEEE TRANSACTIONS ON NEURAL NETWORKS, 2002, 13(2): 415-425.

[12] Gaspar P, Carbonell J, Oliveira, José Luís. On the parameter optimization of Support Vector Machines for binary classification[J]. Journal of integrative bioinformatics, 2012, 9(3): 201.

[13] Furey T S, Cristianini N, Duffy N, et al. Support vector machine classification and validation of cancer tissue samples using microarray expression data[J]. Bioinformatics, 2000, 16(10): 906-14.

[14] Mirjalili S, Mirjalili S M, Lewis A . Grey Wolf Optimizer[J]. Advances in Engineering Software, 2014, 69(3): 46-61.

[15] Emary E, Zawba H M, Hassanien A E . Binary grey wolf optimization approaches for feature selection[J]. Neurocomputing, 2016, 172(JAN. 8): 371-381.

[16] 赵丽 . 基于改进灰狼算法的焊接车间逆调度方法研究[D]. 华中科技大学, 2017.

[17] Using the gray wolf optimizer for solving optimal reactive power dispatch problem[J]. Applied Soft Computing, 2015, 32(C): 286-292.

[18] Elhariri E, El-Bendary N, Hassanien A E, et al. Grey wolf optimization for one-against-one multi-class support vector machines[C]. Soft Computing & Pattern Recognition, 2016, 7-12.

[19] Walsh D J B . The Sharp Markov Property of Levy Sheets[J]. The Annals of Probability, 1992, 20(2): 591-626.

[20] Dalang R C, Capasso V, Merzbach E, et al. Level Sets and Excursions of the Brownian Sheet[M]. Topics in Spatial Stochastic Processes. OAI, 2003, 167-208.

[21] Ardjani F, Sadouni K . Optimization of SVM Multiclass by Particle Swarm (PSO-SVM) [J]. International Journal of Modern Education & Computer Science, 2010